★ ★ ★ ★ ★

許明輝 頂級食尚
法式風精品麵包學

The Ultimate Handcrafted Bread

職人獨門心法的演繹，

直探精品麵包的堂奧！

麵包藝術家
許明輝——著

隨著飲食生活的多樣化，消費者的選擇也更加豐富，台灣近五年的小麥消費量已經超越了稻米，其中最大的原因就是來自於台灣烘焙技術的提昇，進而帶動麵包、糕點市場的擴大。

過去台灣的烘焙技術多看向歐洲、日本，但近年來台灣有越來越多優秀的台灣職人一起支持台灣烘焙的蓬勃發展。阿輝師傅由烘焙現場的學徒出身，於2016年加入統一集團烘焙開發的行列，不只將他對烘焙的創意發揮在麵包製作，更實際參與麵粉的原料研究開發，阿輝師傅擅長以不同品種小麥的麵粉進行配粉混搭，例如使用法國小麥高灰分的特性來增加麵包風味，或運用加拿大筋性柔軟的特性，讓麵包體組織更加緻密柔細；透過對全球不同小麥品種的研究，讓麵包的口感更千變萬化、滋味豐富，也將品質更好的烘焙原料提供給客戶、消費者。

此書集結了阿輝師傅由麵粉到麵包，一路以來累積的實務經驗，他所做的麵包不止在外觀造型上精緻、洗練，在麵粉、食材拼配調味上更是匠心獨具，將「美感」與「美味」做最佳的結合，非常值得分享給專業的烘焙職人與喜愛烘焙手作的愛好者。

統一企業股份有限公司　麵粉部經理

童志偉

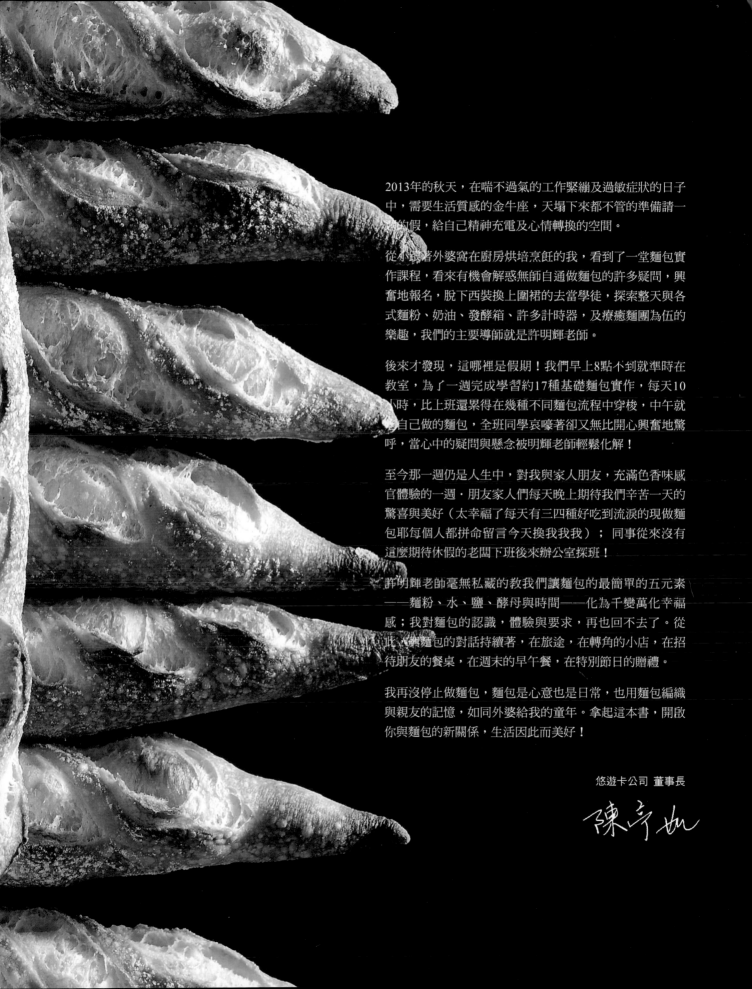

2013年的秋天，在喘不過氣的工作緊繃及過敏症狀的日子中，需要生活質感的金牛座，天塌下來都不管的準備請一週的假，給自己精神充電及心情轉換的空間。

從小跟著外婆窩在廚房烘培烹飪的我，看到了一堂麵包實作課程，看來有機會解惑無師自通做麵包的許多疑問，興奮地報名，脫下西裝換上圍裙的去當學徒，探索整天與各式麵粉、奶油、發酵箱、許多計時器，及療癒麵團為伍的樂趣，我們的主要導師就是許明輝老師。

後來才發現，這哪裡是假期！我們早上8點不到就準時在教室，為了一週完成學習約17種基礎麵包實作，每天10小時，比上班還累得在幾種不同麵包流程中穿梭，中午就吃自己做的麵包，全班同學哀嚎著卻又無比開心興奮地驚呼，當心中的疑問與懸念被明輝老師輕鬆化解！

至今那一週仍是人生中，對我與家人朋友，充滿色香味感官體驗的一週，朋友家人們每天晚上期待我們辛苦一天的驚喜與美好（太幸福了每天有三四種好吃到流淚的現做麵包耶每個人都拼命留言今天換我我我）；同事從來沒有這麼期待休假的老闆下班後來辦公室探班！

許明輝老師毫無私藏的教我們讓麵包的最簡單的五元素——麵粉、水、鹽、酵母與時間——化為千變萬化幸福感；我對麵包的認識，體驗與要求，再也回不去了。從此，與麵包的對話持續著，在旅途，在轉角的小店，在招待朋友的餐桌，在週末的早午餐，在特別節日的贈禮。

我再沒停止做麵包，麵包是心意也是日常，也用麵包編織與親友的記憶，如同外婆給我的童年。拿起這本書，開啟你與麵包的新關係，生活因此而美好！

悠遊卡公司 董事長

陳亭如

是對食物的熱情把我們牽在一起吧！

因朋友介紹因緣際遇認識了許明輝老師，個子小小、文質彬彬的許明輝說他像物理教授比麵包師傅更有說服力。那時候我的教室設備簡陋，大師傅慣用專業層爐，怎會願意來我店開課？膽大的我冒昧向老師邀課，怎料老師一口答應，他說：「專業的人只會克服環境的障礙，哪怕家裡的烤箱只有兩條發熱電管也可烤出好麵包。」憑著我倆大無畏的精神，我們克服了許多外在環境的問題，開了一堂又一堂的滿班課，想不到學生們竟也默默愛上這個話不多說，上課只管滿口理論的許老師。每當麵包出爐，他總咧嘴而笑，我想除了他太太，麵包或許是他第二戀人吧。

許老師最喜歡創作，他做的麵包完全沒有任何影子，他利用過我們香港道地的食材，設計過不少的麵包品項，連他也跟我說：「人在香港，總有想不完做不完的靈感。」他是最好的聆聽者，你的構思，他會用心的聽，更會因應我們的口味而改良，我們就像擦不完的火花，璀璨又美麗。很開心也很榮幸為老師撰寫這個序，我們的友誼也在這記載著。

Dolce Dolce Kitchen & Gourmet
Esther Au 松露女皇

區碧玲

長期以來台灣的餐飲教育，以比賽掛帥做為追求，不論是年輕的學子到業界的資深師傅對於比賽的趨之若鶩顯而易見。而也確實在台灣之光的魔障中，台灣增添了好幾個世界冠軍，也許喚起民眾些許品味意識，但對於大環境的水準提升可不只落在頭銜上，往往，是在一些認真做事的低調匠人身上，我也常說這樣的人愈多，市場才能穩定走長。許明輝出書是個太好的事兒，阿輝有良好的師承（野上智寬）、穩健的教學、主廚、研發經歷，他一直都是我認為的低調匠人之一。

我對阿輝印象中最深的，應該是某年聖誕麵包Panettone的記憶，當時他從香港扛了一個廠商特製高貴限量，酒醋版本Panettone與我分享，刷上了我此生之最的印記。當時，他已經是業界一流身手的師傅，卻一直沒有刻意地追逐潮流而是往傳統追求新的突破，在這愈發短視的市場下實屬可貴呀！本書為阿輝多年手藝、知識集大成的分享，無論你是單純的烘焙愛好者，或是同行後進，相信都能在阿輝的食譜得到新的啟發吧！

樂人吟味 暨 Kopi Ibrik
一步一步來精品土耳其咖啡豆賣所創辦人

幾年前在日本工作時，從事麵包師傅的好友，帶阿輝來日本參訪麵包店，當時對麵包很感興趣的我，也跟著同行了這堪稱是趟尋味麵包的巡禮——品嚐好吃的麵包的當下，同時也學習享受到許多麵包的新知識。回台後置身南投開業創立「英雄餐廳」，阿輝更是常常付諸實際的行動力挺支持。而當時因餐廳堅持的自栽食材，種植了許多的香草與花卉，剛好是阿輝準備麵包大賽的構思取材，也在探究花草的分享學習與交流中，更加深厚了我們的情誼。

阿輝一路走來都相當出色，在業界已奠定了相當的地位，現在又將以另一種形式延續他累積多年的深厚技術，相信集結職人精神產生的麵包味緒傳遞，能讓愛好麵包的各位多有所獲。

元　YUAN Restaurant

唯有透過體驗、感受麵團，經過思考才能做出好吃的麵包，我是這麼認為⋯所以請一定要實際試試，透過掌心力道展現出麵包的味道與樣貌。

這本書，是長久以來所累積的研究、經驗獲得的結果集結。

書中就風行時下的5大類麵包為主題，並以貼近一般家庭製作的方式呈現。不光就配方，攪拌、發酵、時間、溫度、翻麵排除空氣的時間點等⋯製法完整說明，更就容易疏忽導致失敗的地方分別加以提點，因此只要能確實做足準備，充分掌握個中的手感與訣竅，就一定能備具成功製作書中麵包的基本能力。

雖說當中也不乏實力的挑戰，或許會感覺有點困難，有點麻煩，但希望大家也能試著挑戰看看，因為很多所謂的困難與麻煩，都是讓人提升技術的中繼站，一旦跨越過了，在麵包製作的深度勢必越發進展⋯⋯而這些建立在接觸與體驗後才能有所獲的轉折突破，不正也是麵包製作讓人感到樂趣的所在。

麵包的世界寬廣無限，有趣得讓人著迷；如同我對麵包的喜好與追尋，但願本書的成形也能讓大家感受到它的魅力與樂趣。

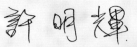

Contents

01　TOAST
翻轉味蕾的
極致吐司

本書通則
＊ 麵團發酵所需時間，會隨著季節及室溫條件不同而有所差異，製作時請視實際狀況斟酌調整。
＊ 每項材料需要的製程和所需的時間都不同，有些可能需要冷藏一天後才能使用，所以開始製作前，請務必詳閱。
＊ 烤箱的性能會隨機種的不同有差異；標示時間、火候僅供參考，請配合實際需求做最適當的調整。

Introduction

吃得出細節の
麵包質感學

隨著飲食文化吹起的精緻風潮，講求獨特魅力的精品
風也在麵包界開始延燒……
麵包不只是麵包，更是能與生活態度呼應的品味。

純粹慢工的麥香之作，結合繽紛甜點的極致手藝，不囿於固有的主流想法，讓麵包充滿無限的可能性…

回歸真味、食材的特性思考，深入麵包的靈魂精髓，以講究的食材，自我風格的技巧堅持，為樸實本質注入新風，讓熟悉的味道中潛藏獨有的風味。

由不同食材的組合、想法、感性的堆疊，展演出有別於一般層級的風骨個性。獨特的姿態，充滿個性風想法，不只能撩撥食慾；解構麵包中深藏的技術與心意，更是種對麵包的完美想法，是職人精神的完美體現。

涵藏食尚美學的精品工藝，突破視覺與味蕾的感官想像，極致吐司、菓子甜麵包、特色歐法、可頌丹麥、法國系千層…在品味麵包的細節中，感受深藏小麥裡最深奧而細膩的質感魅力。

解析麵包的基本學

製作麵包的基本材料可分成主材料與副材料，追求
理想風味與口感不能不深入了解各種食材，從食材
的特性到使用的奧妙與搭配變化，這裡詳細解說。

Flour

法國粉

小麥萃取率高的法國麵包專用麵粉。屬灰分含量高的
麵粉，廣泛運用於製作法國麵包或鄉村麵包等講究麥
香氣味的麵包，也適用於酥層類。法國粉並非以蛋白
質的含量定義，而是以所含的「灰分」含量來分類。
灰分含量越高，麵粉的顏色就越深，麵包的風味和營
養越豐富。

灰分，指的是存在小麥表皮及胚芽上的無機物質（礦物
質）含量，會影響麵包的風味。法國粉的分類type45、
type55、type65，是以灰分（礦物質含量）為分別，而不
是就蛋白質含量（筋性）來分類，講究發酵風味類屬的，較
適合灰分較多的粉類。

高筋麵粉

麵粉的蛋白質含量越高，麵粉與水混合後形成的麩質
筋性越強，富彈性的麩質能包覆住發酵和烘烤過程中
產生的氣體，使得麵團得以膨大，可製作出具份量且
紮實口感的麵包。製作麵包時多半使用的是蛋白質含
量高，可產生較多麩質的高筋麵粉。

高筋麵粉

法國粉

杏仁粉

全麥粉

T85裸麥麵粉

玉米碎粒

低筋麵粉

蛋白質含量低，麵筋較弱，多會與高筋麵粉搭配使用，可讓麵包呈現鬆軟的口感，多用於蛋糕、千層類產品。

裸麥粉

裸麥粉本身缺乏穀膠蛋白不會形成麩質，無法使麵團膨脹，適用於厚實扁平的麵包；一般都會搭配小麥粉使用，或酸種來發酵以強化麵筋形成，也因此多帶有獨特的酸味香氣。

全麥粉

保留麩皮和胚芽的整顆小麥研磨而成，富含較高的纖維質、礦物質和多種營養素，以及小麥樸質的香氣和味道；市售未標示100%全麥粉的多為混合添加麵粉的全麥粉。

Yeast

新鮮酵母

新鮮酵母的含水量高達70%，很快就會變質，必須冷藏保存。剝碎所需的量，直接加入麵團中即可使用，若是攪拌時間較短的麵團，則可先與水拌融再使用。具滲透壓耐性，就算在含糖量高的麵團，酵母的效力也不會被破壞。多運用於需長時間發酵，或隔夜、冷藏型麵團。

即溶乾酵母

可直接加入麵團中，不需要預備發酵。一般製作糖含量低（8%以下）的無糖或低糖等麵團，使用低糖酵母；製作糖含量高（8%以上）的菓子麵團、布里歐麵團等，使用高糖酵母。本書中使用的皆為新鮮酵母，也可就麵團的性質，將配方中的新鮮酵母份量÷2.8換算出使用的低糖、高糖酵母用量。

有高糖、低糖乾酵母的分別，可依據糖對麵粉比例用量及發酵時間來使用，對麵粉比例8%以上使用高糖乾酵母；8%以下則使用低糖乾酵母。

Milk

牛奶

牛奶中不僅含有水分，也有乳糖、乳脂肪和蛋白質等成分，添加牛奶可賦予麵包濃郁奶香風味；而內含的乳糖成分，在焦糖化或梅納反應中，可讓麵包帶有美麗的烤色。

Salt

鹽

平衡味道外，對酵母的活性也有很大的影響，可調節麵團發酵速度，緊實麵團筋質黏性和彈性的作用。鹽的用量基本為粉類分量的1-2%，適當的添加可強化酵母的活性；但用量過多時，不只會影響風味平衡，還會抑制酵母的活性；不足時，麵團會容易過度濕軟，不易塑形，烤焙出的麵包體也會較為塌扁。

Water

水

麵粉中的蛋白質吸收水分會形成麵筋，若沒有水分則無法帶出麵粉的作用。在製作麵包時基本上直接使用一般的飲用水即可。但因季節的粉溫與室溫各不相同，為了維持麵團的理想溫度，有必要調整水的溫度。

Malt Extract

麥芽精

麥芽精中含有澱粉分解酵素，而其中所含的 ß 澱粉酶，能促進小麥澱粉分解成醣類，成為酵母的營養源，提升酵母活性促進發酵。多運用在法國麵包、裸麥麵包等不添加砂糖的硬質麵包類（低糖油配方），可優化發酵階段的膨脹力，且有助於烘烤時呈現漂亮烤焙色與風味。

Sugar

砂糖

是酵母的營養來源，具有幫助發酵的作用。不僅能增添麵團甜味，對於麵包的美味、香氣和色澤都有所助益，也能讓麵團變得更柔軟。在酵母的發酵作用下，糖生成的酒精和有機酸即成風味和香氣的來源。而高溫烤焙下砂糖本身的焦化反應、糖與蛋白質生成的梅納反應，能增加風味和香氣外，也能呈現烘烤色澤。

Egg

雞蛋

蛋具有使麵包體積膨脹的效果。蛋黃中的卵磷脂能提供乳化作用，能有效延緩麵包老化，增加柔軟度，讓麵團保持濕潤口感；同時也有增加營養成分，提升麵包的烘烤色澤與濃郁風味。

Butter

奶油

提升麵包的風味外，同時也可讓麵團延展性、柔韌度變得更好，可成製出質地濕潤、富彈性的柔軟麵包。製作時，添加的油脂以固態油（奶油）較為適合，可讓麵團易於延展、塑形；若是液態油（橄欖油等）雖可增添風味，呈現出鬆脆感，不過製作出的麵包體會較為塌扁。由於油脂的成分會阻礙筋性的形成，因此多會在筋性形成後再加入麵團中攪拌。

芒果乾

糖漬橘皮條

酒漬櫻桃

增添風味的其他素材

新鮮水果、果乾、各式的堅果,不只能增添麵包的口感風味,充分運用作為裝飾,平衡整體口感外,更也是質感提升的焦點素材。可糖漬低溫烘乾成果乾片;或搭配焦糖熬煮,就很水嫩可口,像是焦糖蘋果;酒漬入味的無花果風味更加細緻,烘烤過的堅果更添香氣口感,應用範圍相當廣泛,都是提升麵包口感風味不可或缺的素材之一。

桂圓乾

葡萄乾

玉米碎粒

無花果乾

糖漬檸檬皮丁

覆盆子乾燥碎

蔓越莓乾

榛果　　　　　　　紫米　　　　　　　杏仁角

開心果　　　　夏威夷豆（烤熟）　　　水滴巧克力

青提子　　　　　夏威夷豆（生）　　　　白巧克力

杏仁片　　　　　　蜜核桃　　　　　　　核桃

麵包製作的原理學

雖說製作麵包的流程不過是攪拌麵團、等待發酵、成形、烘焙等幾個固定程序；然而實際上隨著材料選用、攪拌狀態、製作環境等的不同，會產生不同差異的變化結果，這裡就烘焙程序代表的意義詳述解說，務必理解其意義漸次地掌控進行。

1 認識配方比例

書中食譜配方同時採用實際所需的重量以及烘焙百分比標記。有的是主麵團與發酵麵種的麵粉合計為100%，有的是不含發酵麵種，100%都是主麵團的麵粉等。另外，份量少的無法用百分比計算的麵團，則直接以g來標示。原則上都是以適合家庭容易操作的份量為設定。如果想要調整份量的多寡時，依據烘焙比例計算麵粉和其他材料的比例，就可算出配方用量。

實際百分比＆烘焙百分比

實際百分比的%，是以添加的所有材料總量設為100%，各個材料所占的相對比例；烘焙百分比%，是將材料配方中麵粉類的總計用量設為100%（使用的粉類，若是多種粉類時，例如高筋麵粉、法國粉、裸麥粉，就是將其加總起來的全部穀物粉類），再以其他材料相對於麵粉用量的比例所呈現出來的數值。書中在各食譜的材料表中，同時標示實際所需的分量，以及烘焙百分比。

由於烘焙百分比%是以麵粉比為100%，並非針對所有材料的比例，所以就全部數字加總起來的總和數字會超過100%。採以此種計算法是因為麵粉在麵包配方中的占比最多，適合用來作為基準。只要有烘焙百分比，不論是少量或是大量的麵團，都能簡單算出其他材料所需用量。

2 理解工序流程

麵包配方作法中同時以列表的方式標示「製作流程」。列表製作過程的重點記述，就製作順序、時間、溫度（濕度）等說明。開始製作前可藉由這個流程，理解著手進行，確實掌握麵包製作的方法、時間與階段。

預發發酵麵團

為使麵包呈現出該有的風味特色，有些麵團會搭配預先處理的發酵菌液（葡萄菌液）、發酵種（裸麥種、法國老麵），或利用不同的發酵工法（如自我分解法、液種法等），以增添麵包的口感風味。像樸實硬質系的法國、鄉村麵包，常運用的「自我分解法」，是將麵粉與水拌合，靜置20-30分鐘，讓麵粉先充分進行水合作用，即使不揉，完成自我分解的麵團也能自行結合形成麩質蛋白組織，在第二次攪拌時可縮短攪拌時間。

→麵團完成自我分解的期間，麵筋組織會逐漸形成可薄薄延展的狀態。麵團的表面也會變得較之前更加平滑。

混合攪拌

為維持麵團攪拌完成的理想終溫，可透過材料的溫度來調節控制。像是事前先將預備攪拌的材料（粉與含水分的材料）放在冰箱冷藏；或者使用常溫粉類，使用冰塊水或冷水等，依據實際的狀況做適合的調整。

攪拌麵團時，酵母、鹽多半是在攪拌時分開加入麵團中攪拌，但部分為避免酵母在攪拌時未能及時融入麵團，會有先將麥芽精、鹽等與配方中的水量混合融解再加入的操作。至於奶油，如果沒有特別註記，軟硬度調整到容易拌入麵團即可。容易攪拌的標準大概是用手指按壓就可壓出凹陷痕跡的軟硬程度。

依據麵包的種類，麵團攪拌的程度有不同的強弱之分。以糖油含量高（軟質類）的菓子、布里歐麵團來說，為能製作出膨脹鬆軟且潤澤的口感，麵團必須攪拌到出筋後可拉出既薄又堅韌的薄膜。但如果是強調樸實風味的低糖油成分（硬質類），為保有輕盈口感，就不能過度攪拌以免形成過多麩質，口感會變得紮實。酥層的可頌、丹麥、千層類，因折疊作業有近似攪拌的作用，為了不讓麵團在反覆折疊後形成過強筋性，攪拌時不可過度，以7-8分筋為原則，讓麵團的筋性維持在微弱狀態下，比較容易延展。

溫度

麵團攪拌完成的溫度很重要，會影響發酵的時間與狀態。溫度太高或是太低都不好，若溫度比理想值要低時，即使依照食譜中設定好發酵溫度，酵母的活力會因減弱，導致麵團膨脹不足。相反的，溫度比理想值高時，酵母則會因過於活躍，而使發酵速度加快，容易導致發酵過度。最好是控制在理想值±2℃以內。

麵團的最終溫度依麵包的種類也不盡相同。基本上麵團攪拌的最終溫度介在23～27℃（部分例外會標明溫度），標示的溫度可作為理想的終溫參考，目的在配合後續的操作調節。

發酵中，麵團的溫度會逐漸升高，酵母開始活動，在發酵過程中最重要的就是建立適合酵母活動的環境。理想發酵環境的溫度28～30℃。麵團揉和完成的溫度與目標有相當差異時，必須進行調整。濕度75～85℃為理想，且無論是發酵或鬆弛過程中，都要避免麵團乾燥，要讓麵團隨時保持濕潤的觸感。

整型

麵包會依種類需要做成各種造型，不論成形為何種形狀，在過程中排出多餘的氣體是成形的共通原則，尤其是特別細緻柔軟的軟質麵包，更需要在整型的同時確實排壓出氣體。

用擀麵棍擀壓麵團時，擀壓的力道、捲起麵團的力道不論是太強或是太弱都會影響後續的膨脹狀態，一定要掌握好力道均一的原則。折疊類的成形時動作要迅速，才能避免奶油融化；否則奶油一旦融化，麵皮就會吸收釋出的水分，會導致烤出的層次不分明。

靜置發酵

整型完成後的麵團會變得緊縮，為了讓麵團在烘烤過程時得以繼續膨脹，就必須藉由再次發酵來提高麵團的延展性，才能烘烤出豐潤飽滿的麵包，恰到好處的發酵狀態，可讓麵包質地變得濕潤；相反的，若發酵不足則麵團的延展性不夠強，則無法承受烘烤過程中產生的氣體，導致麵團裂開、麵團多半會無法膨脹會變硬。

3　攪拌的階段過程

依據麵團的種類，會有不同的筋性狀態，必須攪拌至所需程度。判斷麵團攪拌的程度，可由麵團延展出的薄膜彈力來判斷確認。

麵團攪拌階段

▶ **混合材料**

將油脂外的所有材料分散放入攪拌缸中以低速攪拌混合，使水分融合到麵粉裡，但麵團還是呈黏糊狀態，表面粗糙沾黏，不具彈力及伸展性，拉扯會分離扯斷。

→麵團沾黏，用手拉很容易就可將麵團扯斷的狀態。

▶ 拾起階段

粉類完全吸收水分已結成團，沾黏狀態消失，麵筋組織開始形成，漸漸會變得有延伸展性。也是形成麵筋組織的前期階段。

→ 用手拉起可見形成麵筋織開始產生彈力。

▶ 捲起階段

麵團材料完全混合均勻成團，麵筋組織已完成相當程度，可看出麵筋組織具彈力及伸展性。在此完成階段最後添加油脂。

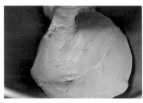

→ 用手拉起麵團具有筋性且不易拉斷的程度。用手拉起可見形成麵筋組織具彈力及伸展性。

→ 奶油會影響麵團的吸水性與麵筋的擴展，必須等麵筋的網狀結構形成後再加入，否則油脂會阻礙麵筋的形成。

▶ 擴展階段

攪拌至油脂與麵團完全融合，油脂完全分散並包覆麵筋組織，伸展性變得更好。此階段的麵團轉變得較為柔軟光澤、有彈性，用手延展撐開的麵團薄膜呈現不透光，破裂口處呈現出不平整、不規則的鋸齒狀。

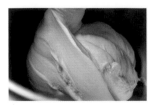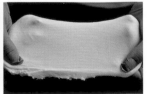

→ 撐開延展拉開兩邊可形成稍透明的薄膜狀態。

▶ 完全擴展階段

完成麵團的階段。麵團柔軟光滑、形成了網狀結構良好的麵筋組織狀態，富彈性及延展性，用手延展撐開的麵團薄膜時，呈現光滑有彈性、可透視的薄膜狀，破裂口處會呈現出平整無鋸齒狀。

→ 撐開輕輕延展開，呈現大片可透視的透明薄膜狀態（適用大部分麵團，細緻、富筋性吐司麵包）。

確認麵團的狀態

▶ 撐開麵團確認麵筋狀態

取部分麵團，雙手拉開麵團，用指腹由中心朝兩外側的方向延展撐開，若能拉成薄薄的狀態，就代表軟硬度剛好（撐開麵團形成的薄膜，以透視指腹的程度、拉破薄膜時的力道、拉破時薄膜的光滑程度，確認揉和狀態）。

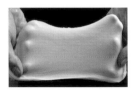

4　翻麵／壓平排氣

翻麵也稱為壓平排氣，指的是從麵團攪拌完成到分割的過程中，就麵團做按壓、折疊的操作。目的在於將麵團發酵過程中，充滿麵團內部的二氧化碳排出，並重新使麵團內布滿新的氧氣，以促使酵母活化，達到讓麵團的溫度平衡，促使穩定完成發酵，提高麵筋張力彈性。

壓平排氣的時間點，原則上在基本發酵時間的1/2時。太早進行，則壓平排氣的效果會不明顯，太晚進行時作用效果又會過大，麵團的筋性會過強。此外，壓平排氣時需依麵團的特性，調整壓平排氣的力道。麵團溫度低，壓平排氣的力道要稍強；相反地，若麵團溫度高，壓平排氣的力道必須減弱。

▶ 翻麵的方法

①將麵團均勻輕拍排出氣體，將麵團一側向中間折1/3並輕拍。

②再將麵團另一側向中間折1/3並輕拍。

③轉向，從內側朝中間折1/3並輕拍。

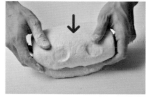

④再朝外折折疊成3折，使折疊收合的部分朝下，整合平均。

5　烘烤

　　本書介紹的麵包，除了千層類外（適用旋風烤箱），皆是使用專業多層烤箱烘烤。旋風烤箱適用於千層類的製品，較不適用來烘烤硬質系的麵包（缺乏蒸氣裝置），可能會因熱對流使表面焦乾或無法順利膨脹，必須在底部設置烘焙石板，透過極熱的溫度創造出可高溫蒸氣的設置環境，才能使麵團達到理想的膨脹效果。

　　而即使同樣是專業烤箱，也會因機種的不同產生溫度上的差異，內部可能會有熱力不均的狀況，為烤出美麗烤色，在烘焙期間後半段，可藉由將模型轉向，或將烤盤轉向調整，讓麵包能烤出均勻的色澤。調整的時機是在麵團完全膨脹，開始上色的時候。

　　從烤箱取出麵包，立即在檯面震敲幾下模型，這是為了給予麵包衝擊力，使內部的水蒸氣能釋出，經由這個動作，能夠防止烘烤收縮，保有良好的口感狀態。

▶ 劃切割紋

　　在最後發酵完成的麵團（硬質系）表面切割刀口，能讓麵團釋放多餘的空氣體，不會讓麵團在烘烤時因膨脹而破裂產生裂紋；此外也有助於溫度的傳遞，可使麵團充分受熱，讓蒸烤後的刀痕可以均勻膨脹，烤色也會顯現出光澤。

→ 刀刃與麵團呈傾斜45度。使用割紋刀時刀刃要稍微傾斜與麵團呈約45度角，如片切下表層般迅速切劃下刀痕。

▶ 完美的烤色

　　為了提升麵包的烤色與光澤，有時會在烘烤前塗刷蛋液。書中基本上都使用全蛋打散過篩後的蛋液，只有「折疊類」種類為了突顯烤色則以蛋黃液為主。蛋液塗刷2次，可有效讓酥層類麵包在短時間內烤出顯色帶光澤的美麗烤色。塗刷在麵團時，以毛刷先薄刷1次，待稍風乾後，再塗刷1次，就能提升烤色效果。但記得力道要輕不要按壓或塗刷到折層。

→ 第1次塗刷。　　　　　　→ 烤前第2次塗刷。

→ 塗刷蛋液要輕柔小心（順著兩端可減少接觸折層面），避免破壞麵團折層層次。

解構酥層麵包的風味學

完美的酥層麵包，是奶油與麵團經由擀壓、堆疊結合產生的工整層次。此類麵包製作的最大重點，除了麵團不能攪拌過度外，再者就是折疊過程中，讓麵團冷凍、鬆弛及層次工整分明的技巧。掌控溫度、裹油折疊的手法，唯有對酥層麵團的理解認識，才能掌握酥層的美味。

1　麵團的裹入折疊

麵團裹入奶油時，麵團與奶油必須處於相近的軟硬狀態（冰涼的狀況，以彎折其側邊小角會呈挺立直角，不會有斷裂或立即躺回的狀態），這樣在折疊操作時才能減少斷油的情形，才能做出完美細滑的酥層。

裹入的折疊奶油需有一定的柔韌性，太硬或太軟都不好。太硬，不好延展，折疊時容易有奶油斷裂，麵團不能均勻包覆奶油的「斷油」狀況，會使製成的酥層失去連貫性；又或使得油脂的顆粒穿破到麵層內，破壞油層麵皮，層次無法分明呈現，就烤不出漂亮有分明折層的麵包；至於太軟，在擀壓時奶油則容易從麵團中溢出，烘烤時會與麵粉結合，而麵粉也會吸收奶油水分，層次就無法分明呈現。

經過反覆折疊的麵團會變軟，為避免奶油在擀壓時融化，造成出油或吃油的情況，折疊與折疊的過程之間，必須視狀態適當的冷凍鬆弛。

→ 由於工序較耗時，若麵團溫度有上升產生沾黏時，就要再次再裝入塑膠袋內冷凍降溫後再繼續作業。

2　折疊次數的層次差異

擀折的次數越多，麵團與麵團內的裹入奶油就越薄，層次自然繁複交疊。折疊層次時，不同的折疊方式，會有不同的口感呈現，可就想要追求的口感調整。

基本上麵團折疊的次數少，層次之間的空隙較大，每一層質地偏厚實，口感較為硬脆，奶油的味道及香氣較香濃，缺點是麵團與油脂容易分離。相反的，折疊次數多，層次之間較密集空隙很窄，每一層質地會變得比較薄，口感會較為輕脆；不過也易因質地太薄導致出現破裂、沾黏情形，一旦奶油會融到麵團裡，就烘烤不出漂亮的層次。

折疊方式

▶ 3折（單折疊）

	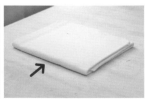
①將右側麵團向中間折疊 1/3。	②將左側麵團向中間折疊 1/3。

③折疊成3折。

▶ 4折（雙重折疊）

①將右側麵團向中間折疊 3/4。

②將左側麵團向中間折疊 1/4。

③再將麵團對折（折疊成4 折）。

折疊麵團的解凍

折疊麵團表面的溫度與中心溫度一致，烘烤時的膨脹性才會好，烤好的成品質地才會佳。若解凍折疊麵團時未能解凍回溫就烘烤，烘烤後中心處容易有硬塊的情形。因此要讓折疊麵團先在室溫完整的解凍待回溫。

3　烘烤前的工序

折疊麵團類的最後發酵溫度，應低於麵團裹入油的熔點溫度。奶油的融解溫度約在32℃，因此可在10～15℃左右的環境溫度來進行。最後發酵完成後，先放置室溫發酵30～60分鐘後，再移置發酵箱完成最後發酵，接著在室溫稍乾燥5-10分鐘，待稍作緩解，減少因溫差造成的壓力。

完美的烘烤

就裹油折疊類來說，為使油層裡的水分能迅速蒸發，促使層次膨脹、形成層次，烘烤的溫度會提高，多以200℃～220℃的溫度開始烘烤。以這樣的溫度烘烤可以揮發麵包的水分而產生間隙、出現層次，而溢流出的奶油會有焦香味，香氣融入麵包體更添美味。但若烤箱溫度太低，烘烤時間相對必須延長，不只會造成油脂流失，無法烤出蓬鬆酥脆的口感，也會使表面過度乾燥而變硬，無法呈現出美味烤色、光澤的成品。

蛋液的塗刷

在表層塗刷蛋液時，有幾個重點要特別注意：塗層不宜過厚，會讓表面因聚積過多的蛋液造成黏口、上色不均。再者要避開奶油層（麵團切面）塗刷，否則奶油層就無法漂亮地展開。為了達到最佳的上色效果，可分別在發酵過程中先塗刷1次，待烤焙前再塗刷1次。

→在麵團的表面塗刷蛋液，只需塗刷表面，若塗刷在折層（麵團切面）處，就難以漂亮地膨脹形成分明的層次。

糖水的塗刷

塗刷蛋液外，為減少烘烤後的上色程度，會就成品的特色需要做塗刷蛋白液，或者烤後塗刷糖水的操作。

→書中塗刷使用的糖水為，水（100g）與細砂糖（135g）的比例加熱煮沸融化使用。

→為突顯表面光澤感，可趁熱在烘烤後的麵包體表面塗刷糖水提升亮澤度。

釀酵風味的天然酵母

利用蔬果或穀物上原本就有含有的酵母,以自然的方式培養出的發酵液、發酵種,運用在麵包製作,可帶出深奧的香氣風味。

發酵液 | 葡萄菌液

材料

青提子 100g
冷開水(32℃) 420g
蜂蜜 8g

前置處理

① 將使用工具噴上酒精(77%)消毒殺菌稍靜置。

② 用拭紙巾充分擦拭乾淨即可。

作法

① 冷開水與蜂蜜先攪拌融解,加入青提子混合拌勻。

② 瓶口用保鮮膜覆蓋密封好,用竹籤在表面戳上幾個小孔洞(讓空氣對流有助於發酵),放置室溫(約30℃)靜置發酵。

③ 每天輕輕搖晃瓶身均勻混合後,再放置室溫發酵,1天1次。重複操作培養約4天。

④ 第4天用網篩濾壓葡萄乾,濾取出葡萄菌液使用。

Day1   Day2   Day3

發酵種 | 葡萄酵種（液種）

① 將所有材料放入攪拌盆中。
▼

② 充分攪拌混合均勻至無粉
　粒（攪拌終溫24℃）。
▼

③ 表面覆蓋保鮮膜，室溫發酵
　3小時後，冷藏（約4℃）靜
　置發酵約12-16小時。

材料

法國粉 100g
水 80g
葡萄菌液（P24） 20g

25

發酵種 | 法國老麵

材料

法國粉 100g
葡萄菌液（P24）......................20g
水...50g
新鮮酵母 0.6g
岩鹽.......................................2g

① 將所有材料（新鮮酵母除外）慢速攪拌混合均勻，加入剝碎的新鮮酵母攪拌混合。

② 攪拌均勻至成光滑、延展性良好的麵團，約8分筋（攪拌終溫23℃）。

攪拌完成麵團，延展薄膜的狀態。

③ 麵團覆蓋保鮮膜室溫發酵120分鐘。

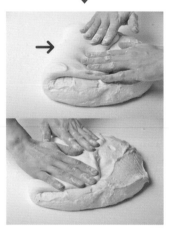

④ 將麵團均勻輕拍排出氣體，將麵團一側向中間折1/3並輕拍。

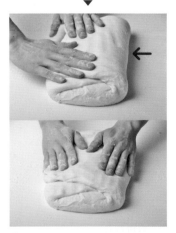

⑤ 再將麵團另一側向中間折1/3並輕拍。

⑥ 轉向，再從內側朝中間折 1/3並輕拍。

⑦ 再朝外折疊成3折，使折疊收合的部分朝下，整合平均。

⑧ 覆蓋保鮮膜室溫發酵約1小時後，放冷藏（約4℃）靜置發酵約12-16小時。

發酵種 | 裸麥種

作法

① 將所有材料攪拌混合均勻（6分筋），攪拌終溫24℃。

② 將麵團整合成圓球狀，放入鋼盆中，覆蓋保鮮膜，室溫發酵2.5小時。

③ 移放冷藏（約4℃）靜置發酵約12-16小時。

材料

T85裸麥麵粉.........................125g
法國粉 62.5g
葡萄酵種（P25）...................125g
水..85g

風味應用學！糖漬&酒漬果乾

　　新鮮水果、果乾向來是麵包糕點製作不可或缺的素材。水果乾、堅果這類用料加在麵團中製作，可帶出別具的香氣口感。添加的果乾為突顯風味，通常都會做事前的浸漬處理，放密封容器裡，冷藏保存，任何時候都可以使用，非常方便。

　　果乾、堅果皆為乾貨類加入麵團時，會吸收麵團中的水分，因此不可添加過量，以免影響麵團本身的配方。而為了可以讓口感和風味更為突出，一般也會事先用足量的烈酒浸漬使其飽含水分後使用，增加果乾的口感香氣，整體風味也會更加提升。

　　由於種類與用途不同，所添加的酒類或搭配的糖分，以及用量、處理都不盡相同，必須就整體的風味搭配考量。葡萄乾、蔓越莓、無花果等果乾，一般多透過「糖漬」或「酒漬」的方式製作，像是搭配適合的酒類（如，蘭姆酒、紅酒、白蘭地、柑曼怡香橙甜酒等），經由浸漬果乾吸足香氣後使用可提升香氣風味。

A 鳳梨百香果乾

材料

新鮮鳳梨 150g
百香果果泥........................90g
細砂糖 45g

作法

① 將所有材料小火熬煮約30分鐘至鳳梨乾完全入味，待冷卻，覆蓋保鮮膜，浸漬1晚，濾出汁液。

② 將鳳梨片鋪放在鋪好烤焙紙的烤焙盤上，用上火150℃／下火150℃，烘烤約10分鐘。

B 紅酒無花果

材料

無花果 200g
細砂糖 70g
紅酒 80g
水.......................................80g
黑胡椒粒 0.8g
肉桂棒 1/4支
月桂葉 1片

作法

將無花果每顆分切成4小瓣。將材料全部混合放入鍋中，小火慢煮至收汁，待無花果軟化入味，待冷卻即可使用。

C 糖漬鳳梨片

材料

新鮮鳳梨 360g
水.......................................200g
細砂糖 60g
乾燥菊花 4g
檸檬汁 6g

作法

新鮮鳳梨切成圓片狀。將其他材料全部放入鍋中，加熱煮沸後，加入鳳梨片小火慢煮至果肉軟化入味，待冷卻後即可使用。

D 紅酒葡萄乾

材料

青提子 180g
迷你葡萄乾.........................180g
紅酒 90g

作法

將材料全部混合均勻，密封浸泡約15小時後即可使用。

E 糖漬柳橙

材料

新鮮柳橙 100g
細砂糖 100g

作法

柳橙切成圓片狀放入鍋中，分3次加入細砂糖用小火熬煮至熟透入味。

糖分濃度高，分次加入糖熬煮，較能完全滲入。熬煮好冷卻後，用保鮮膜覆蓋，隔天再小火熬煮，讓糖能完全滲入，重複每天操作3天，共3次即可。

極餡美味！濃醇香甜的奶油餡

濃醇滑順的卡士達、杏仁風味餡，都是不可或缺的填充用料，可以包覆在麵包裡，或用來填充作為派餡等，可多樣化的運用搭配，能增添麵包的豐富口感。

A 杏仁餡

材料

Ⓐ 無鹽奶油	160g
海藻糖	70g
糖粉	70g
鹽	0.5g
Ⓑ 全蛋	80g
蛋黃	30g
Ⓒ 杏仁粉	200g
低筋麵粉	30g
Ⓓ 動物性鮮奶油	40g
香草酒	2.5g

作法

① 將材料Ⓐ攪拌至顏色變白鬆發狀，分次加入材料Ⓑ攪拌至融合。

▼

② 加入混合過篩的杏仁粉、低筋麵粉混合拌勻至無粉粒。

▼

③ 最後加入材料Ⓓ攪拌混合均勻，覆蓋保鮮膜，待冷卻備用。

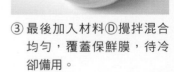

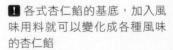
各式杏仁餡的基底，加入風味用料就可以變化成各種風味的杏仁餡

B 香草卡士達

材料

牛奶 250g
細砂糖 45g
蛋黃 48g
低筋麵粉 15g
無鹽奶油 15g
香草莢 1/4根

作法

① 將香草莢橫剖開，用刀背
剖取香草籽。將香草莢、
香草籽與牛奶加熱煮至沸
騰，取出香草莢。

▼

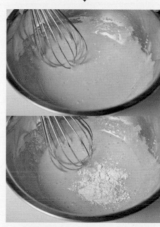

② 將蛋黃、細砂糖攪拌至微
發泛白，加入過篩低筋麵
粉拌勻。

▼

③ 將煮沸牛奶分成2次倒入作
法②中混合拌勻。

▼

④ 用濾網過篩細緻，再回煮
至質地變得濃稠，離火。

▼

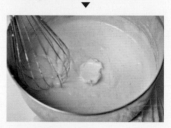

⑤ 加入奶油拌勻。

▼

⑥ 倒入容器中用保鮮膜覆
蓋、貼緊卡士達醬表面，
待冷卻使用。

⌃

❗ 冷藏保存可放約2天。

果豐美醬！酸甜的風味果醬

凝聚果實香甜與美麗色澤的果醬，有著獨特的香氣，很適合運用於麵包甜點的填充內餡、或作為表面頂飾的食材；不論佐食、塗抹夾餡，或是作為豐美點綴，能提升整體的風味，帶出與眾不同的特色。

A 覆盆子果醬

材料

覆盆子碎粒.........................50g
細砂糖.............................15g
柑橘果膠粉..........................1g
細砂糖..............................5g

作法

① 果膠粉、細砂糖（5g）充分混合均勻。
② 將覆盆子碎粒、細砂糖小火煮融，加入作法①熬煮至濃稠。

B 百香果醬

材料

百香果泥..........................100g
細砂糖.............................60g
檸檬汁..............................3g
檸檬百里香.........................少許

作法

將百香果泥、細砂糖先用小火邊拌邊熬煮至濃稠，最後再加入檸檬汁、檸檬百里香拌煮混合即可。

C 草莓果醬

材料

Ⓐ 草莓果泥........................150g
　 冷凍覆盆子果粒 50g
　 細砂糖...........................60g
Ⓑ 細砂糖...........................10g
　 柑橘果膠粉（Yellow pectin）
　 ....8g
　 檸檬汁............................3g
　 檸檬百里香........................3g

作法

① 將材料Ⓑ中的細砂糖、果膠粉混合均勻。

② 將草莓果泥、冷凍覆盆子果粒、細砂糖放入鍋中小火加熱拌煮至沸騰呈濃稠狀。

③ 加入作法①拌煮至沸騰，最後加入檸檬汁、檸檬百里香拌煮均勻即可。

D 熱帶水果果醬

材料

Ⓐ 新鮮鳳梨........................150g
　 冷凍熱帶水果粒 150g
　 細砂糖...........................50g
Ⓑ 柑橘果膠粉.......................2.5g
　 細砂糖...........................15g
　 檸檬汁..........................2.5g
　 羅勒葉...........................2片

作法

① 果膠粉、細砂糖先混合均勻。
② 鳳梨去皮切小塊，與水果粒、細砂糖放入鍋中小火拌煮至糖融化。
③ 加入作法①拌煮至融合，呈濃稠收汁狀，加入檸檬汁、羅勒葉拌煮均勻，離火，待冷卻即可。

STRAWBERRY

PINEAPPLE

RASPBERRY

PASSION FRUIT

01

TOAST
翻轉味蕾的
極致吐司

起因吐司模的使然所致，以外皮香酥，中間濕潤柔軟為主要特色。由於豐富滋味及口感，以及容易入手的特色，符合大眾的口味，可說是最受青睞的麵包類型。利用甘納許、奶油餡來提升整體的味覺變化，結合外層披覆、夾層折疊、雙色搭配的手法來打造美味與外型，讓純樸意的吐司麵包變得更與眾不同。

TOAST 01
絢彩香草迷你魔方

質地細膩的麵包裡充滿了豐富風味與麵團香甜美味。以柔和色彩排列組合，形成包覆三色絢彩的表皮，整體麵包造型耀眼，口感鬆軟細緻，搭配加了香草的卡士達奶油餡，芳香濃醇；Q彈麵團與天然色調創造出視覺味蕾都滿足的美味。

| 份量 | 7個 |
| 模型 | SN2179（60×60×60mm） |

剖面結構層次

1 絢彩麵皮
2 甜麵團
3 香草卡士達餡

材料

麵團

	份量	配方
Ⓐ 高筋麵粉........	120g	80%
低筋麵粉..........	30g	20%
細砂糖..............	18g	12%
岩鹽	2.5g	1.6%
新鮮酵母...........	6g	4%
牛奶	103g	67%
蛋黃	10g	7%
Ⓑ 無鹽奶油..........	22g	14%

絢彩表皮

Ⓐ 法國粉............................	200g
細砂糖.............................	10g
岩鹽	4g
新鮮酵母..........................	9g
水	94g
無鹽奶油..........................	24g
Ⓑ 紅梔子花粉......................	1.5g
Ⓒ 黃梔子花粉......................	1.5g

內餡（每份）

香草卡士達（P31）.................35g

製作工序

絢彩表皮

所有材料攪拌至光滑。
分割50g×3、125g；原味50g×2
分別加入紅、黃梔子花粉拌勻，
冷藏鬆弛30分鐘。將紅色、原
色、黃色（50g）擀成片狀，重疊
放置，冷凍鬆弛10分鐘。
裁切成厚約5mm長條，排列在
擀成片的原味麵團上，擀平至
厚4mm，冷藏鬆弛30分鐘。

攪拌麵團

乾性材料攪拌均勻，加入液態材
料攪拌混合，加入新鮮酵母攪
拌至光滑，加入奶油攪拌至9分
筋，終溫26℃。

基本發酵

50分鐘。

分割

麵團40g，滾圓。

中間發酵

30分鐘。

整型

主體麵團拍扁，包餡，整型圓球
狀，絢彩麵皮壓切成圓片，稍
擀開，包覆主體麵團整型成圓
球狀，放入模型。

最後發酵

60分鐘。蓋上模蓋。

烘烤

16分鐘（160℃／170℃）。

準備模型

01 使用的模型為正方型吐司盒 SN2179，使用前須噴上烤盤油。

絢彩表皮

02 將所有材料攪拌混合均勻至成光滑（8分筋）。將麵團分割切取原味麵團50g×3個、原味麵團125g。

03 將2個麵團50g分別加入紅、黃梔子花粉揉搓混合均勻至麵團光滑，製作紅色、黃色麵團，冷藏鬆弛30分鐘，備用。

50g　50g　50g

04 將紅色50g、原味50g、黃色麵團50g分別擀成片狀，再依序排列重疊放置，用保鮮膜包覆冷凍鬆弛10分鐘。

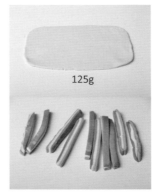

125g

05 將原味麵團125g擀壓成厚3mm長片狀。再將作法❹裁切成厚0.5cm×長15cm長條狀。

06 將條狀絢彩麵皮以切口斷面朝上，整齊排列在已噴水霧的片狀麵團表面。

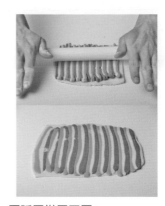

07 再延壓擀平至厚4mm。

08 用圓形模框（直徑6cm）在絢彩麵皮上壓切出圓形片（約25g），覆蓋保鮮膜冷藏鬆弛約30分鐘。

09　將材料Ⓐ乾性材料（酵母除外）以慢速先混合均勻，加入牛奶、蛋黃慢速攪拌融合。

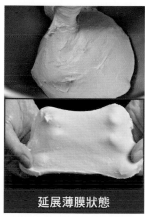

延展薄膜狀態

10　再加入剝碎的新鮮酵母攪拌混合至麵團微微呈光滑面（7分筋）。

延展薄膜狀態

11　加入切小塊奶油慢速攪拌至成光滑、具良好延展性（9分筋），攪拌終溫26℃。

基本發酵

12　麵團整理成表面光滑緊實，基本發酵50分鐘。

分割、中間發酵

13　麵團分割成40g，將麵團往底部確實收合滾圓，中間發酵30分鐘。

整型、最後發酵

〈內層麵團〉

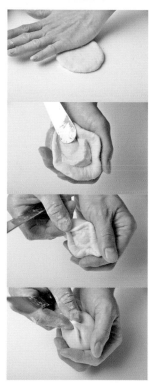

14　麵團輕拍排出空氣，光滑面朝下，用抹餡匙將香草卡士達內餡（約35g）按壓至麵團中，並沿著麵皮拉起包覆內餡，捏緊收合。

15 整型成圓球狀。

〈絢彩外皮〉

16 將絢彩圓形片再稍延壓擀開
（足以包覆主體麵團的大小即
可）。

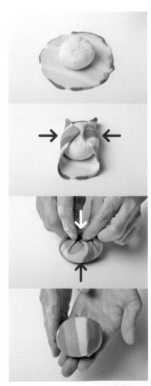

17 將麵團收口處朝上，放置在擀
平的絢彩外皮上（彩色面朝
下），再將麵皮左右、上下拉
起覆蓋住麵團，捏緊收合整型
成圓球狀。

發酵前

發酵後

18 將麵團收口朝下放入模型中，
最後發酵60分鐘，待麵團發酵
至模高的8分滿，蓋上模蓋。

烘烤

19 用烤箱以上火160℃／下火
170℃，烤約16分鐘，出爐，連
同模型震敲後脫模。

TOAST 02

雪藏草莓甜心

把奶油擠在麵團切口處，受熱融化後會隨著滲入麵團中，散發出奶油獨有的濃醇風味與香氣，增添麵包的美味度。再奢侈地在麵包裡填滿鮮奶油香緹餡與草莓，香甜化口的香緹餡與鑲嵌其中的酸甜草莓，提升層次感，讓麵包體的口感更加出色，是奶露麵包的華麗升級版。

份量	9個
模型	矽利康超迷你吐司模
	（130×70×70mm）

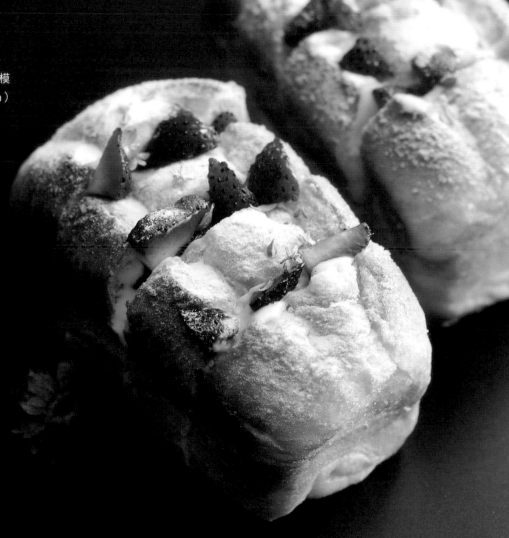

剖面結構層次

1 防潮糖粉
2 鮮奶油香緹
3 新鮮草莓
4 牛奶麵團

準備模型

01 使用的模型為矽力康吐司模，使用前須噴上烤盤油。

材料

冷藏中種	份量	配方
高筋麵粉	350g	70%
新鮮酵母	7.5g	1.5%
牛奶	235g	47%

主麵團	份量	配方
Ⓐ 高筋麵粉	150g	30%
新鮮酵母	10g	2%
細砂糖	75g	15%
鹽	10g	2.1%
奶粉	15g	3%
蛋黃	50g	10%
鮮奶油	90g	18%
牛奶	40g	8%
Ⓑ 無鹽奶油	100g	20%

內餡用／奶油霜

卡士達	500g
打發動物性鮮奶油	100g

製作工序

冷藏中種

所有材料慢速攪拌至有粗糙麵筋（25℃）。基本發酵60分鐘後，冷藏鬆弛1晚。

↓

主麵團

中種麵團、主麵團材料（奶油除外）攪拌至有筋性，加入奶油攪拌至8分筋，終溫26℃。

↓

基本發酵

30分鐘。

↓

分割、滾圓

麵團120g，滾圓。

↓

中間發酵

25分鐘。

↓

整型

擀捲成圓筒狀。收口朝下入模。

↓

最後發酵

50分鐘。刷蛋液、劃刀口，擠奶油、撒上糖。

↓

烘烤、組合

14分鐘（180℃／220℃）。 待冷卻，縱切，擠上奶油霜、放入草莓。

冷藏中種

02 將所有材料慢速攪拌混勻至麵團粗糙有筋性即可，攪拌終溫25℃。

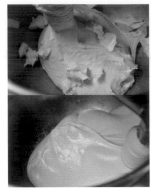

05 加入奶油攪拌融合至成光滑、具良好延展性（8分筋），攪拌終溫26℃。

03 將麵團整理至表面光滑，基本發酵60分鐘後，移置冷藏（5℃）發酵1晚（約15小時）。

基本發酵

06 將麵團整理成表面光滑緊實，基本發酵約30分鐘。

主麵團

04 將材料Ⓐ以慢速攪拌均勻，加入中種麵團攪拌混合成團至光滑、麵筋形成。

分割、中間發酵

07 麵團分割成120g，將麵團往底部確實收合滾圓，中間發酵25分鐘。

整型、最後發酵

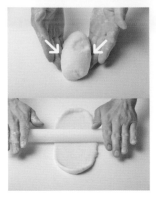

08 將麵團縱放，由兩側稍往底部內側收合，再由中間往前後擀壓成橢圓片狀。

09 光滑面朝下，由外側往內側稍捲一小折後按壓固定，再順勢捲起至底收合於底成圓筒狀。

⑩ 將麵團收口朝下放入矽利康模型中，最後發酵50分鐘。

⑪ 用毛刷在表面輕柔地塗刷上全蛋液，用小刀切劃直線刀口，並在刀口處擠上奶油，撒上細砂糖。

⑫ 用烤箱以上火180℃／下火220℃，烤約14分鐘，出爐，連同模型震敲後脫模，待冷卻。

組合裝飾

〈卡士達鮮奶油霜〉

⑬ 將卡士達、打發鮮奶油輕混拌勻。

⑭ 縱切3刀口（不切斷），在切口處擠上卡士達鮮奶油霜，鋪放上草莓片，篩撒上糖粉點綴。

FILLING

卡士達

材料

牛奶	500g
細砂糖	95g
蛋黃	95g
低筋麵粉	30g
無鹽奶油	50g

作法

① 牛奶加熱煮至沸騰。
② 將蛋黃、細砂糖攪拌至顏色泛白，加入過篩低筋麵粉拌勻。
③ 將煮沸牛奶分成2次倒入作法②中混合拌勻。
④ 用濾網過篩細緻，再回煮至冒泡沸騰。
⑤ 再加入奶油拌勻，倒入容器中用保鮮膜覆蓋，待冷卻即可使用。

TOAST 03

橙花克羅埃西亞

以濃醇厚實的巧克力餡為麵包的靈魂主軸，內
餡的比例高達80％，咬下內層是綿密口感，
同時能充分感受到隱含在麵包中獨特的橙花巧
克力風味。利用甘納許形成層次的紋理，其中
構成美麗的紋理關鍵，在麵皮不需擀太薄，稍
厚，略短，以及切口朝上的編結手法。

份量	5條
模型	SN2122
	（128×66×40mm）

剖面結構層次

1 巧克力甘納許
2 甜麵團

材料

麵團	份量	配方
Ⓐ 高筋麵粉	250g	100%
細砂糖	40g	16%
岩鹽	2.5g	1%
奶粉	10g	4%
新鮮酵母	12g	5%
麥芽精	1g	0.5%
全蛋	45g	18%
水	108g	43%
Ⓑ 無鹽奶油	40g	16%

甘納許

水滴巧克力	240g
70%鈕扣巧克	160g
動物性鮮奶油	60g
橙花水	2g

❗ 橙花水（Orange blossom water），是將橙花利用酒精蒸餾淬取的，用來增添香氣。也可用等量的新鮮柳橙汁代替。

製作工序

甘納許

鮮奶油、橙花水溫熱與所有材料混合拌勻，放涼。

↓

攪拌麵團

乾性材料攪拌均勻，加入液態材料攪拌融合，加入新鮮酵母攪拌至光滑，加入奶油攪拌至8分筋，終溫26℃。

↓

分割、冷藏鬆弛

麵團100g，滾圓，冷藏鬆弛1晚。

↓

整型

擀平，抹上甘納許餡，捲成圓柱狀，縱切成二，交叉編結至底成麻花狀，放入模型中。

↓

最後發酵

30分鐘。

↓

烘烤

18分鐘（180℃／180℃）。

作法

準備模型

01　使用的模型為SN2122，使用前須噴上烤盤油。

甘納許

02　鮮奶油、橙花水加熱到60℃，分次沖入到巧克力中混合攪拌至完全融化，放涼備用。

攪拌麵團

03　麵團的攪拌製作同P64-67「茴香堅果吐司」作法4-6，攪拌終溫26℃。

分割、冷藏鬆弛

(04) 將攪拌好的麵團分割成100g，往底部確實收合滾圓，覆蓋保鮮膜，冷藏鬆弛1晚（約15小時），備用。

⚠️ 麵團不須要基本發酵直接分割冷藏。

整型、最後發酵

(05) 將麵團輕拍壓出氣體，用擀麵棍延壓擀平成厚度一致的長片狀。

(06) 光滑面朝下，用抹刀在表面均勻抹上甘納許（約70g）。

(07) 從長側邊往內先捲起小折，稍按壓固定，再順勢捲起到底，捏緊收合口，成長條圓柱狀。

(08) 縱切到底分成二細長條，以切面朝上，交叉重疊成X形，再以編辮的方式將兩邊編結到底，收合於底部。

(09) 再從兩側端稍按壓整型，放入模型中，最後發酵30分鐘。

(10) 用毛刷在表面輕柔塗刷全蛋液。

烘烤

(11) 放入烤箱，上火180℃／下火180℃，烤約18分鐘，出爐，連同模型震敲後脫模。

TOAST 04
脆皮雙拼吐司

結合天然健康的概念，運用兩種天然花粉製作
主體的雙色吐司，並在外層包覆極富口感的酥
皮，口感與視覺兼備。層層細緻的酥皮紋裡中
包覆雙色口味麵包，切片後的剖面能呈現出對
比色澤的樣貌，雙色的組織體相映成趣，相當
令人賞心悅目。

份量	4個
模型	SN2070（175×85×70mm）

剖面結構層次

1 酥皮麵團
2 紫薯麵團
3 南瓜麵團

材料

麵團

麵團		份量	配方
Ⓐ	高筋麵粉	400g	80%
	低筋麵粉	100g	20%
	細砂糖	90g	18%
	岩鹽	9g	1.8%
	新鮮酵母	20g	4%
	牛奶	330g	66%
	蛋黃	25g	5%
Ⓑ	無鹽奶油	70g	14%
Ⓒ	紫薯粉	35g	
	水	35g	
Ⓓ	南瓜粉	35g	
	水	35g	

酥皮麵團（335g）

Ⓐ	法國粉	200g
	細砂糖	10g
	岩鹽	4g
	新鮮酵母	12g
	水	94g
Ⓑ	折疊裹入油	80g

製作工序

酥皮麵團

所有材料攪拌光滑，冷藏鬆弛。
麵團（330g）包覆裹入油（80g）
4折1次，3折1次，冷凍，切成厚
6mm長條狀，排列成片狀，擀
壓平。

↓

攪拌麵團

乾性材料攪拌均勻，加入液態材
料攪拌混合，加入新鮮酵母攪拌
光滑，加入奶油攪拌至8分筋，
終溫26℃。
分切520g×2，分別加入紫薯
粉、南瓜粉搓揉均勻。

↓

基本發酵

50分鐘。

↓

分割、滾圓

紫薯、南瓜雙色麵團分別分割
130g×4，滾圓。

↓

中間發酵

30分鐘。

↓

整型

雙色麵團擀平，捲細長條，交
叉編結成麻花狀，外層包覆酥皮
（厚3mm）整型，放入模型。

↓

最後發酵

60分鐘。

↓

烘烤

28分鐘（170℃／220℃）。

作法

準備模型

01　使用的模型為SN2070，使用前須噴上烤盤油。

酥皮麵團

02　將所有材料攪拌混合均勻至成光滑（8分筋）。

03　將麵團放入塑膠袋後稍壓平整，冷藏（5℃）鬆弛30分鐘備用。

04　將冷藏的裹入油用擀麵棍反覆敲打、折疊使其柔軟，重複折疊、敲打操作約3次。

⚠ 敲打裹入油使其整體呈現均勻的軟硬度並維持冰冷的狀態。

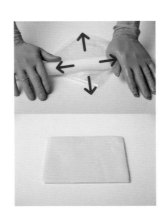

05　再由中心往四邊擀壓平均的延展開至厚度均勻，用塑膠袋包覆、冰硬。

06　將作法❸麵團（330g）中間處，擺放上片狀裹入油（80g），用擀麵棍稍按壓固定片狀裹入油的左右兩側。

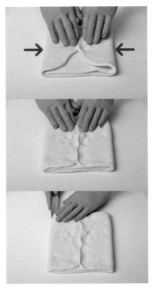

07　將左、右兩側麵團朝中間折疊，完全包覆住裹入油，並將接口處稍捏緊密合，再將兩側邊切劃刀口。

08 用擀麵棍反覆按壓麵團（讓奶油與麵團能緊密貼合，避免麵團與油脂錯開分離），擀壓延展平整成厚5mm長片狀。

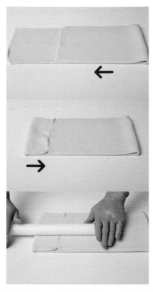

09 將右側3/4向內折疊，再將左側1/4向內折疊，用擀麵棍擀壓接合處使其黏緊密合。

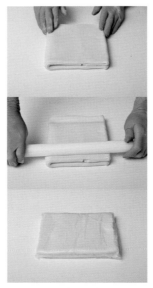

10 再對折，折疊成型（4折1次）。用擀麵棍按壓兩側開口邊（讓奶油與麵團能緊密貼合）。用塑膠袋包覆，冷凍鬆弛30分鐘。

⌃

🔋 過程中要注意，若溫度升高麵團變軟的話，要放回冷凍冰硬。

11 再延壓擀平至成厚6mm長片狀。

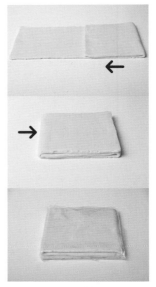

12 將右側1/3向內折疊，再將左側1/3向內折疊，折疊成3折（3折1次）。用擀麵棍按壓兩側開口邊（讓奶油與麵團能緊密貼合）。用塑膠袋包覆，冷凍鬆弛30分鐘。

13 將麵團裁切成厚6mm長條狀，以切口面朝上的方式整齊排列成片狀後，輕擀壓延展開（長度可包覆主麵團即可）。

製作麵團

(14) 將材料Ⓐ乾性材料(酵母除外)以慢速先混合均勻,加入牛奶、蛋黃慢速攪拌融合。

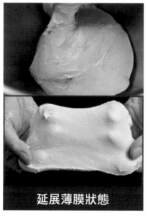

延展薄膜狀態

(15) 再加入剝碎的新鮮酵母攪拌混合至麵團微微呈光滑面(7分筋)。

(16) 加入切小塊奶油慢速攪拌。

延展薄膜狀態

(17) 至成光滑、具良好延展性(9分筋),攪拌終溫26℃。

(18) 將麵團分割成520g×2個。將麵團(520g)加入紫薯粉、水充分攪拌均勻。另將麵團(520g)加入南瓜粉、水充分攪拌均勻,製作成紫薯、南瓜麵團。

基本發酵

(19) 麵團整理成表面光滑緊實,基本發酵約50分鐘。

分割、中間發酵

(20) 麵團分割成130g,將麵團往底部確實收合滾圓,中間發酵30分鐘。

整型、最後發酵

〈雙色麵團編結〉

(21) 紫薯麵團輕拍壓扁排出空氣,擀壓成厚度一致的橢圓片狀,光滑面朝下。

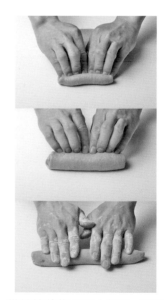

(22) 從前端稍往下壓小折後,順勢捲起至底收合,再稍搓揉均勻成細長條狀。

(23) 南瓜麵團輕拍壓扁排出空氣，擀壓成厚度一致的橢圓片狀，光滑面朝下。

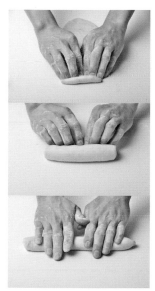

(24) 從前端稍往下壓小折後，順勢捲起至底收合，再稍搓揉均勻成細長條狀。

(25) 將紫薯、南瓜麵團以交叉重疊成X形，再以編辮的方式將兩邊編結到底。

(26) 收合於底部，編結成麻花狀。

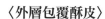

❗ 麵團的烘焙彈性差，容易塌陷，用2條麵團纏繞可相互支撐，並能營造雙色效果。

(27) 再將左右兩側往中間稍擠壓整型。

〈外層包覆酥皮〉

(28) 將麻花麵團收口朝下，放在酥皮麵團的表面（15×20cm），並在酥皮的兩側切割等長的切口（長度同麵團寬度）。

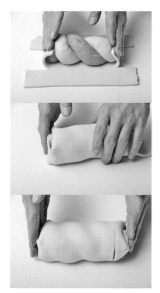

(29) 將左右兩側切割處的酥皮往麵團處拉攏、貼合包覆，再將長側邊貼合完全包覆住麵團整型。

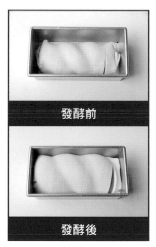

發酵前

發酵後

(30) 將麵團收合口朝下，放入模型中，最後發酵約60分鐘。

烘烤

(31) 用烤箱上火170℃／下火230℃，烤約30分鐘，出爐，連同模型震敲後脫模。

TOAST 05

布列塔尼
焦糖堅果吐司

將烤熟的堅果加入麵團中，讓香氣滲透入麵團，展現別有的風味與口感，直接吃嚐得到原有的香氣；搭配特製的杏仁奶油與杏仁焦糖奶油雙重的塗抹疊入吐司上，烘烤後微焦的色澤和強烈的香氣、爽脆的口感更是明顯，交織成吐司麵包的美味新境界。

| 份量 | 2條（可切10片） |
| 模型 | SN2052（196×106×109mm） |

剖面結構層次

1 防潮糖粉
2 焦糖海鹽杏仁餡
3 杏仁奶油餡
4 甜麵團

材料

麵團

		份量	配方
Ⓐ	高筋麵粉	150g	30%
	法國粉	350g	70%
	細砂糖	30g	6%
	岩鹽	10g	2%
	奶粉	20g	4%
	新鮮酵母	14g	2.7%
	麥芽精	1g	0.2%
	牛奶	100g	20%
	水	250g	50%
Ⓑ	無鹽奶油	30g	6%
Ⓒ	烤熟核桃碎	75g	15%
	烤熟夏威夷豆	25g	5%

杏仁奶油餡

無鹽奶油	50g
糖粉	40g
岩鹽	0.5g
全蛋	25g
杏仁粉	50g

焦糖海鹽杏仁餡

Ⓐ	無鹽奶油	95g
	蜂蜜	65g
	細砂糖	55g
	海鹽	3.2g
Ⓑ	杏仁片	170g

製作工序

麵團製作

乾性材料攪拌均勻，加入液態材料攪拌，加入新鮮酵母、奶油，攪拌至8分筋，再加入堅果拌勻即可，終溫26℃。

↓

基本發酵

60分鐘。

↓

分割、中間發酵

麵團520g，中間發酵30分鐘。

↓

整型

條狀。

↓

最後發酵

60分鐘。

↓

烘烤、組合

26分鐘（180℃／220℃）。
待冷卻，切片，塗抹杏仁奶油、鋪上焦糖海鹽杏仁餡，回烤16分鐘（170℃／0℃）。

作法

準備模型

01 使用的模型為SN2052，使用前須噴上烤盤油。

杏仁奶油餡

02 將回溫軟化的奶油、糖粉、鹽攪拌均勻，加入全蛋拌勻，再加入杏仁粉攪拌至全部均勻。

焦糖海鹽杏仁餡

03 將材料Ⓐ小火加熱拌煮至融化，再加入杏仁片混合拌勻，待冷卻使用。

攪拌麵團

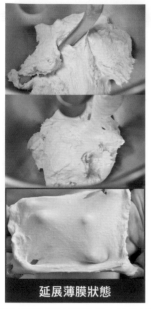

延展薄膜狀態

(04) 將材料Ⓐ慢速攪拌混合至麵團微微呈光滑面（7分筋）。

延展薄膜狀態

(05) 加入奶油慢速攪拌至成光滑、具良好延展性（8分筋）。

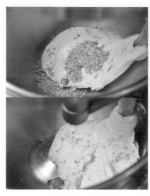

(06) 再加入材料Ⓒ混合拌勻，攪拌終溫26℃。

基本發酵

(07) 麵團整理成表面光滑緊實，基本發酵約60分鐘。

分割、中間發酵

(08) 麵團分割成520g，將麵團對折，輕壓平整。

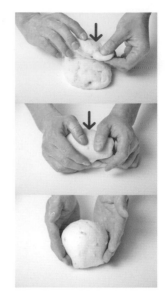

(09) 轉向縱放，再從內側往外側折疊成3折，往底部確實收合滾圓，中間發酵30分鐘。

整型、最後發酵

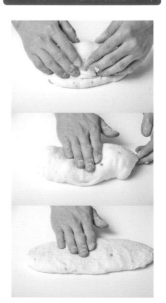

(10) 將麵團拍平排出氣體，由外側往內側捲起收合，輕壓平整。

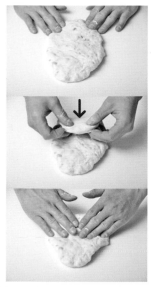

(11) 轉向縱放，從內側往中間折起1/3，用手指按壓折疊的接合處使其貼合。

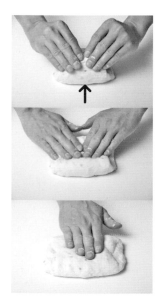

(12) 再從外側往中間折起1/3，用手指按壓折疊的接合處使其貼合，均勻輕拍。

(13) 再由外側往內側對折收合於底，滾動按壓麵團、搓揉兩側整成橢圓狀。

(14) 將麵團收口朝下，放入模型中，最後發酵60分鐘。

烘烤

(15) 放入烤箱，上火180℃／下火220℃，烤約26分鐘，出爐，連同模型震敲後脫模，待冷卻。

抹餡烘烤

(16) 將吐司切成厚片狀，用抹刀在表面塗抹上杏仁奶油。

(17) 再均勻抹上焦糖海鹽杏仁，用烤箱以上火170℃／下火0℃，回烤16分鐘，待冷卻，篩撒上糖粉。

TOAST 06

雙葡萄法爵吐司

加入兩種不同葡萄乾，是款傳統脆皮葡萄吐
司。以紅酒發酵為此款麵包的主要風味，低糖
低油讓麵團表皮酥脆，內部組織Q彈有嚼勁，
搭配以紅酒浸泡入味的兩種葡萄乾，有酸有
甜，提高香味與甜味，是款口感豐盈的葡萄乾
吐司麵包。

| 份量 | 9條 |
| 模型 | SN2061（80×80×80mm） |

60

剖面結構層次

1 裸麥粉
2 紅酒雙色葡萄
3 裸麥麵團

材料

隔夜種	份量	配方
高筋麵粉	420g	70%
葡萄酵種（P25）	72g	12%
水	204g	34%

主麵團	份量	配方
Ⓐ 法國粉	162g	27%
T85裸麥麵粉	18g	3%
細砂糖	24g	4%
岩鹽	13g	2.2%
新鮮酵母	6g	0.9%
麥芽精	3g	0.5%
水	162g	27%
無鹽奶油	12g	2%
Ⓑ 青提子	180g	30%
迷你葡萄乾	180g	30%
紅酒	90g	15%

製作工序

隔夜種

所有材料慢速攪拌至有粗糙麵筋（25℃）。
室溫基本發酵12小時。

主麵團

隔夜種、主麵團材料（果乾除外）攪拌至光滑，加入浸漬葡萄乾拌勻，終溫26℃。

基本發酵、翻麵排氣

45分鐘，壓平排氣、翻麵45分鐘。

分割、滾圓

麵團160g，滾圓。

中間發酵

30分鐘。

整型

整型成圓球狀，後放入模中。

最後發酵

60分鐘。蓋上模蓋。

烘烤

20分鐘（180℃／下火220℃）。

作法

準備模型

01 使用的模型為SN2061，使用前須噴上烤盤油。

酒漬葡萄乾

02 將青提子、迷你葡萄乾與紅酒一起浸泡入味（約15小時），備用。

隔夜種

03 將所有材料混合攪拌至有粗膜麵筋形成即可，攪拌終溫25℃。

04 整合麵團成圓球狀，覆蓋保鮮膜，室溫基本發酵12小時。

主麵團

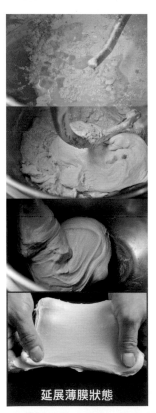

延展薄膜狀態

05 將所有材料Ⓐ（酵母、隔夜種外）以慢速攪拌均勻，再加入隔夜種、新鮮酵母攪拌均勻至光滑、具良好延展性。

06 加入酒漬葡萄乾混合拌勻，攪拌終溫26℃。

基本發酵、翻麵排氣

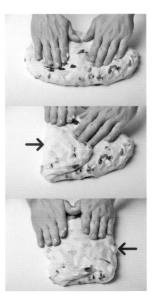

07 基本發酵約45分鐘，輕拍壓整體麵團，分別從左、右側往中間折1/3，輕拍壓。

62

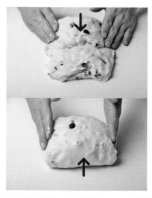

08 再由內側往中間折1/3，輕拍壓，再將外側往中間折1/3，做3折2的翻麵後，繼續發酵約45分鐘。

⚠ 按壓麵團整體的力道一致很重要，按壓方式不均勻時，麵團中的氣體含量也會不均勻。

分割、中間發酵

09 麵團分割成160g，將麵團往底部確實收合滾圓，中間發酵30分鐘。

整型、最後發酵

10 將麵團輕拍排出空氣、平順光滑面朝下。將麵團對折按壓密合，輕拍按壓。

11 轉向縱放，再向內對折捲起，輕拍按壓。

12 朝底部收合，滾圓成圓球狀。

13 將麵團收口朝下，放入模型中，最後發酵約60分鐘。表面篩撒上裸麥粉、斜劃刀口。

烘烤

14 用烤箱以上火180℃／下火220℃，烤約20分鐘，出爐，連同模型震敲後脫模，待冷卻。

TOAST 07

茴香堅果吐司

份量	7條
模型	SN3583（U型麵包模 245×40×40mm）

在倫敦觀摩考察時，在當地人氣麵包坊所品嚐到的一款極有記憶點的產品，奠定了製作此款麵包的基礎；其風味是以堅果、小茴香，以及奶油三種簡單食材的風味組合，芬芳的香氣與具彈性的麵包體融為一體，令人印象深刻。

剖面結構層次

1 糖粉
2 杏仁角
3 開心果碎
4 茴香堅果餡
5 甜麵團

材料

麵團

		份量	配方
Ⓐ	高筋麵粉	500g	100%
	細砂糖	80g	16%
	岩鹽	5g	1%
	奶粉	20g	4%
	新鮮酵母	25g	5%
	麥芽精	2.5g	0.5%
	全蛋	90g	18%
	水	215g	43%
Ⓑ	無鹽奶油	80g	16%

茴香堅果餡

細砂糖	35g
無鹽奶油	50g
岩鹽	0.8g
全蛋	45g
核桃碎	65g
夏威夷豆碎	50g
杏仁粉	100g
蘭姆酒	18g
小茴香粉	0.6g
肉桂粉	0.1g

製作工序

攪拌麵團

乾性材料攪拌均勻，加入液態材料攪拌融合，加入新鮮酵母攪拌至光滑，加入奶油攪拌至8分筋，終溫26℃。

分割、冷藏鬆弛

麵團70g，冷藏1晚。

整型

麵團擀平鋪放上餡料，捲成圓筒狀，縱切為二，將切口朝上編結成麻花狀，放入烤模。

最後發酵

40分鐘。

烘烤、裝飾

13分鐘（180℃／170℃）。
篩撒糖粉，用開心果碎點綴。

作法

準備模型

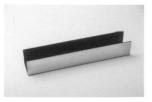

01 使用的模型為SN3583,使用前須噴上烤盤油。

茴香堅果餡

02 核桃、夏威夷豆用上火150℃／下火150℃烤約10-15分鐘至上色,切碎。

03 將糖、鹽、奶油攪拌鬆發,分次加入蛋液攪拌融合,再加入其餘材料攪拌混合均勻,冷藏備用。

攪拌麵團

04 將材料Ⓐ(酵母除外)慢速攪拌混合均勻。

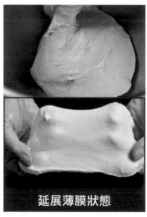

延展薄膜狀態

05 加入剝碎的新鮮酵母攪拌混合,攪拌至麵團微微呈光滑面(7分筋)。

延展薄膜狀態

06 加入切小塊奶油慢速攪拌至成延展性良好的光滑麵團(8分筋),攪拌終溫26℃。

分割、冷藏鬆弛

07 將麵團分割成70g,往底部確實收合滾圓,冷藏鬆弛1晚(約15小時)。

⚠ 麵團不須要基本發酵直接分割冷藏。

08 將麵團輕拍壓出氣體,用擀麵棍延壓壓擀平成厚度一致的長片狀。

09 光滑面朝下,用抹刀在表面均勻抹上茴香堅果餡(約45g),預留底部。

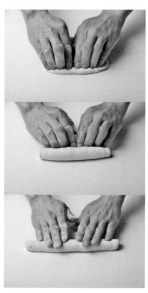

10 從長側邊由外往內先捲起小折,稍按壓固定,再順勢捲起到底收合於底,成長條圓柱狀,輕滾動搓長。

11 縱切到底分成二細長條,以切面朝上,交叉重疊成X形,再以編辮的方式將兩邊編結到底,收合於底部,編結成麻花狀。

❗ 從交叉重疊處開始編結,編結的麵團因有施以均等的力道排出氣體,因此在編結處的形狀會顯得均一。

12 放入模型中,最後發酵40分鐘,避開切面塗刷上全蛋液,撒上杏仁角。

13 用烤箱以上火180℃/下火170℃,烤約13分鐘,出爐,連同模型震敲後脫模,待冷卻。在一側邊篩撒上糖粉,中間撒上開心果碎點綴即可。

奶酥迷你皇冠手撕

黃澄澄的牛奶麵團，結合香醇的奶酥餡，襯托
出別有的濃醇香；透過味道上的契合度，以及
成形的特別製作來展現麵包的豐潤香濃。特製
的奶酥餡烘烤後會滲透到麵團裡，散發出獨有
的濃醇風味與香氣，是此款吐司的一大魅力。

份量 7個
模型 矽利康超迷你吐司模（130×70×70mm）

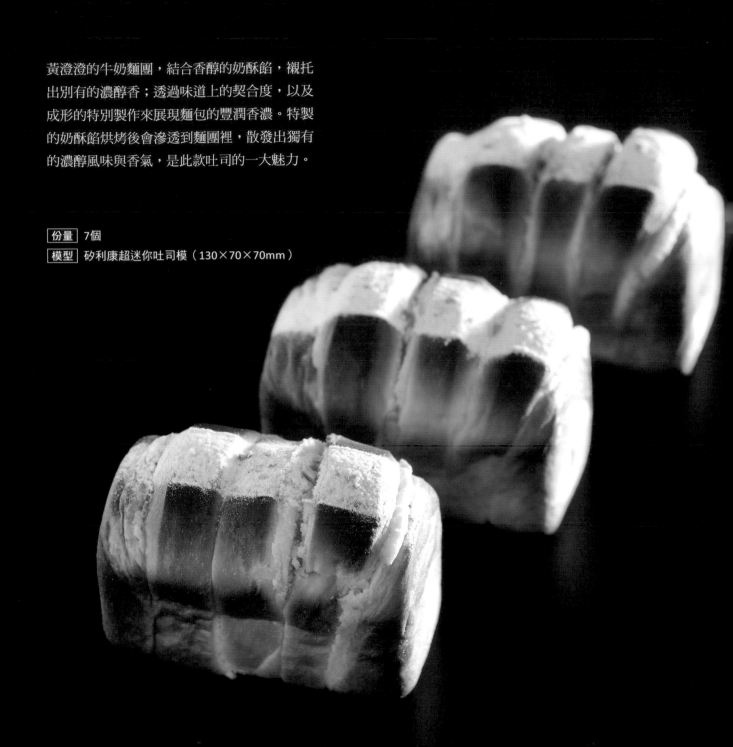

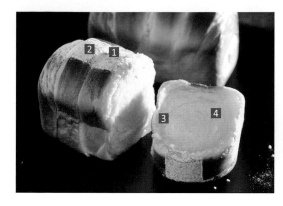

剖面結構層次
1 開心果碎
2 防潮糖粉
3 奶酥餡
4 牛奶麵團

材料

冷藏中種

	份量	配方
高筋麵粉	233g	70%
新鮮酵母	5g	1.5%
牛奶	157g	47%

主麵團

		份量	配方
Ⓐ	高筋麵粉	100g	30%
	新鮮酵母	6g	2%
	細砂糖	50g	15%
	鹽	7g	2.1%
	奶粉	10g	3%
	蛋黃	33g	10%
	鮮奶油	60g	18%
	牛奶	27g	8%
Ⓑ	無鹽奶油	67g	20%

奶酥餡

無鹽奶油	150g
細砂糖	25g
岩鹽	0.5g
煉乳	48g
卡士達粉	45g

製作工序

冷藏中種

所有材料慢速攪拌至有粗糙麵筋（25℃）。
室溫基本發酵60分鐘後，冷藏鬆弛1晚。

主麵團

中種麵團、主麵團材料（奶油除外）攪拌至有筋性，加入奶油攪拌至8分筋，終溫26℃。

基本發酵

20分鐘。

分割、滾圓

麵團100g，滾圓。

中間發酵

25分鐘。

整型

擀平，捲成圓柱狀，剪成5小段，切口處擠入奶酥餡（6g），併連放入模型中。

最後發酵

50分鐘。塗刷全蛋液。

烘烤、裝飾

14分鐘（180℃／220℃）。
篩撒糖粉，用開心果碎點綴。

作法

準備模型

(01) 使用的模型為矽利康吐司模，使用前須噴上烤盤油。

奶酥餡

(02) 將奶油、細砂糖、鹽攪拌鬆發，加入煉乳拌勻，再加入卡士達粉攪拌至整體混合均勻即可。

製作麵團

(03) 冷藏中種的攪拌製作同P41-45「雪藏草莓甜心」作法2-3，攪拌終溫25℃。整理成光滑緊實麵團，基本發酵60分鐘，冷藏發酵1晚（約12-16小時）。

(04) 主麵團的攪拌製作同P41-45「雪藏草莓甜心」作法4-5，攪拌終溫26℃。整理成光滑緊實麵團，基本發酵30分鐘。

分割、中間發酵

(05) 麵團分割成100g，將麵團往底部確實收合滾圓，中間發酵25分鐘。

整型、最後發酵

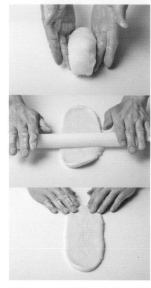

(06) 將麵團由兩側底部稍收合後，用擀麵棍擀壓成厚度一致的橢圓片狀，光滑面朝下。

(07) 從前端往內稍捲折1小折固定後，再順勢捲起到底，收合於底部成圓筒狀（約10cm）。

08 用剪刀將麵團剪出3刀口，形成4小段，並在每小段的切口面擠上奶酥餡（約6g）。

10 用毛刷在表面塗刷全蛋液。

烘烤、裝飾

烘烤、裝飾

11 用烤箱以上火180℃／下火220℃，烤約14分鐘，出爐，連同模型震敲後脫模，待冷卻。

12 在表面中間處鋪放長條紙形，篩撒上防潮糖粉、開心果碎裝飾即可。

⚠ 烘烤完成後要立即連同模型震敲去除麵團中的水氣，再脫模取出吐司擺放涼架上冷卻。

09 將4小段麵團，以切口面（抹奶酥餡）呈同方向的拼接組合，放入模型中，最後發酵50分鐘。

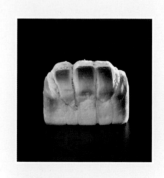

麵包的風味學

「手撕」麵包，就是將麵團分成小塊整型後緊連排放模型中製作，烘烤出來的麵包則形成相連的連體麵包。風靡烘焙圈的手撕麵包，不論口味、或造型都相當多元，千變萬化；一個連著一個相連成型是手撕的最大特色，吃的時候用手掰開、撕下，就能大口享受，此款吐司則是把原本包藏在麵團中的內餡，改以鑲嵌麵團間，讓麵團在膨脹中自然相連成型，外顯的內餡與麵包體，口感、香氣更為融合，滿滿的濃郁奶香。

02

SWEET BREAD
新食趨勢的
菓子麵包

不同歐法麵包的洗練，以糖油含量高的甜麵團製作新食口感的菓子麵包。由於材料成分的關係，質地柔軟細緻，風味馥郁，加上豐富的內餡，有著百變的口感滋味。著重味道與口感的協調外，更講究細節及獨特的外觀，這類的菓子麵包，就像繽紛華麗的糕點般，運用多重的手法才能呈現精緻的美麗樣貌。

BASIC
基本甜麵團

運用此基本甜麵團

- 橙香日光乳酪卷→P76
- 流心奶黃麵包球→P80
- 抹香奶綠花圈→P84
- 仲夏の果實→P88
- 布雷克紫米桂圓→P92
- 藝術家檸檬奶奶→P96
- 魔力紅蘋果→P99
- 魔漾幻彩潘朵拉→P104

材料

麵團	份量	配方
Ⓐ 高筋麵粉	450g	90%
低筋麵粉	50g	10%
細砂糖	60g	12%
岩鹽	9g	1.8%
奶粉	20g	4%
新鮮酵母	18g	3.5%
麥芽精	1g	0.2%
鮮奶油	60g	12%
全蛋	90g	18%
水（5℃）	170g	34%
Ⓑ 無鹽奶油	70g	14%

作法

攪拌麵團

01 將細砂糖、岩鹽、麥芽精、鮮奶油、全蛋、水放入攪拌缸中，再加入高筋麵粉、低筋麵粉、奶粉。

02 以慢速攪拌混合均勻至無粉粒。

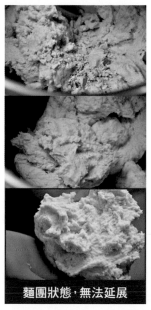

麵團狀態，無法延展

○ 03　加入剝碎的新鮮酵母整體攪拌混勻至麵團呈粗糙面（3-4分筋）。

❗ 過程中需幾度停機，用刮板刮落沾黏在攪拌缸、攪拌棒上的麵團。

麵團狀態，延展薄膜，產生筋性

○ 04　分次加入切小塊的奶油慢速攪拌至奶油融合（7分筋）。

❗ 奶油放置室溫下軟化至用手指按壓會出現痕跡時即可加入；若奶油太硬則會拉長攪拌時間。

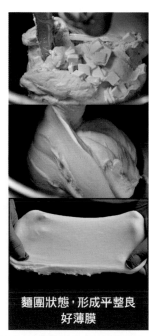

麵團狀態，形成平整良好薄膜

○ 05　再加入剩餘的奶油繼續攪拌至融合，成光滑、具良好延展性（9分筋），攪拌終溫26℃。

基本發酵

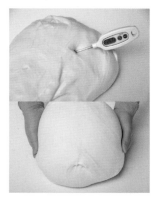

○ 06　將麵團整理成表面光滑緊實，放入發酵箱中，蓋上發酵箱的上蓋，基本發酵30分鐘。

發酵前

發酵後

分割、冷藏鬆弛

○ 07　將麵團分割成所需的份數重量。將麵團往底部確實收合滾圓，覆蓋保鮮膜，冷藏（4℃）鬆弛30分鐘。

○ 08　即可進行各種甜麵包的製作，整型、最後發酵、烘烤、裝飾等工序。

橙香日光乳酪卷

柔軟麵團體鑲捲橙香氣味的奶油乳酪，滑潤順
口，加上微酸微甜蔓越莓，柔和酸甜不膩口。
口味清爽，外觀獨具個性，特別適合炎夏、歡
聚的點心麵包。

| 份量 | 18個 |
| 模型 | SN6031（大圓模，94×83×35mm） |

剖面結構層次
1 珍珠糖
2 蔓越莓乾
3 橙香乳酪餡
4 甜麵團

麵團	份量	配方
Ⓐ 高筋麵粉	450g	90%
低筋麵粉	50g	10%
細砂糖	60g	12%
岩鹽	9g	1.8%
奶粉	20g	4%
新鮮酵母	18g	3.5%
麥芽精	1g	0.2%
鮮奶油	60g	12%
全蛋	90g	18%
水	170g	34%
Ⓑ 無鹽奶油	70g	14%

橙香乳酪餡（每份25g）

奶油乳酪	135g
糖粉	50g
奶粉	15g
無鹽奶油	18g
柳橙汁	4g
新鮮柳橙皮	1/2個

表面用

珍珠糖	適量
蔓越莓乾	適量

製作工序

橙香乳酪餡

將所有材料攪拌混合均勻。

↓

攪拌麵團

所有材料攪拌均勻至光滑9分筋，終溫26℃。

↓

基本發酵

30分鐘。

↓

分割、冷藏

麵團55g，捲成長條，冷藏鬆弛30分鐘。

↓

整型

擀平，擠上橙香乳酪餡、放上蔓越莓乾，對折後盤捲成螺旋圓狀，放入模型。

↓

最後發酵

50分鐘。刷蛋液，撒上珍珠糖。

↓

烘烤

14分鐘（190℃／180℃）。

準備模型

01　使用的模型為SN6031，使用前須噴上烤盤油。

橙香乳酪餡

02　奶油乳酪、奶油、糖粉攪拌打至糖融化，加入其他材料攪拌混合均勻即可。

製作麵團

03　麵團的攪拌製作同P74-75「基本甜麵團」作法1-5，攪拌終溫26℃。整理成光滑緊實麵團，基本發酵30分鐘。

04　將麵團分割成55g，將麵團往底部確實收合滾圓。

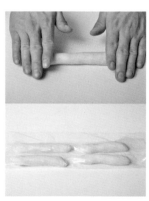

05　搓揉成長條狀，覆蓋保鮮膜，冷藏（約4℃）鬆弛30分鐘。

整型、最後發酵

06　將麵團輕拍排出空氣，稍壓扁後用擀麵棍擀成長條片狀。

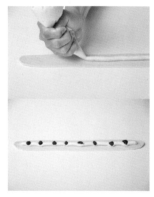

07　光滑面朝下，左右兩側預留（約1cm）在表面中間處擠上橙香乳酪餡（約25g）、等間距鋪放上蔓越莓乾。

開口不捏緊

固定兩側端

08 從麵皮的長側端往下對折,稍按壓固定左右的兩側端,壓合捏緊,讓鑲嵌其中的內餡與蔓越莓乾能微露出。

09 從一端開始以同心圓的方式盤捲到底成螺旋圓狀,收合於底部。

10 放入模型中,最後發酵50分鐘。

❗ 在表面薄刷蛋液能增添濃郁香氣也能增加表層光澤。

烘烤、裝飾

11 放入烤箱,以上火190℃／下火180℃,烤約14分鐘,連同模型震敲後脫模。

12 用毛刷在表面塗刷糖水,撒上珍珠糖點綴即可。

❗ 烤後薄刷糖水,撒上珍珠糖可幫助附著力外,也能提升光澤感。

❗ 珍珠糖經過烘烤後也不會融化,會形成有脆粒的口感,能增加口感,並有提升視覺的效果。

流心奶黃麵包球

Q彈香甜的奶黃包藏於柔軟香甜的麵團之中，
加上烤得金黃酥脆的雙色杏仁皮，濃郁流沙餡
與杏仁香氣完美結合。一口咬下即能品嚐到流
淌出的濃郁滋味。

份量	8個
模型	SN6226（小花蛋糕模，92×34mm）

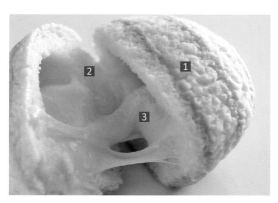

剖面結構層次
1 雙色杏仁餅乾皮
2 甜麵團
3 流心奶黃餡

準備模型

01 使用的模型為SN6226,使用前須噴上烤盤油。

材料

麵團

麵團	份量	配方
Ⓐ 高筋麵粉........	225g	90%
低筋麵粉..........	25g	10%
細砂糖..............	30g	12%
岩鹽	4.5g	1.8%
奶粉	10g	4%
新鮮酵母..........	9g	3.5%
麥芽精..............	1g	0.2%
鮮奶油..............	30g	12%
全蛋	45g	18%
水	85g	34%
Ⓑ 無鹽奶油..........	35g	14%

雙色杏仁餅皮

Ⓐ 無鹽奶油........................	120g
細砂糖............................	140g
岩鹽	0.6g
全蛋	60g
低筋麵粉........................	100g
杏仁粉............................	150g
Ⓑ 黃梔子花粉	3g

內餡(每份)

流心奶黃(市售) 30g

製作工序

雙色杏仁餅皮

製作原色、黃色杏仁餅皮,重疊擀壓,裁切條狀排列,擀平,壓塑成圓形片。

↓

攪拌麵團

所有材料(奶油除外)攪拌至有筋性,加入奶油攪拌至9分筋,終溫26℃。

↓

基本發酵

30分鐘。

↓

分割、冷藏鬆弛

麵團50g,滾圓,冷藏鬆弛30分鐘。

↓

整型

麵團拍扁,包入流心奶黃餡,整型成圓球,表面覆蓋上雙色杏仁餅皮。

↓

最後發酵

50分鐘。

↓

烘烤

14分鐘(170℃/170℃)。

雙色杏仁餅皮

02 將室溫軟化的奶油、細砂糖、鹽攪拌均勻,分次加入全蛋液攪拌融合,再加入混合過篩的粉類攪拌混合至無粉粒。

03 將作法**02**分成420g、150g。取原味餅乾麵團（150g）加入黃梔子花粉（3g）揉搓均勻。

04 將原色、黃色兩種餅乾麵團用塑膠袋包覆、稍平整，冷藏備用。

！ 冷藏稍冰硬後利於整型操作。

05 將原味、黃色餅乾麵團稍整型後，上下重疊放置，重複來回延展擀壓至厚7mm。

06 將麵皮對切成二，表面稍噴水霧後重疊放置，再重複操作1次（共8層），用塑膠袋包覆冷凍冰硬。

！ 在表面噴上水霧幫助麵皮之間的黏合。一旦溫度過高麵皮會變軟就不好操，最好冷凍待變稍變硬再使用。

07 將作法**06**麵皮裁切成厚3mm的長條狀。

08 整齊排列成片狀（稍冷凍冰硬），再用擀麵棍輕延展（待稍固定每片接縫確實黏合）擀壓成片狀（冷凍冰硬）。

製作麵團

09 麵團的攪拌製作同P74-75「基本甜麵團」作法1-5，攪拌終溫26℃。整理成光滑緊實麵團，基本發酵30分鐘。

10 將麵團分割成50g，將麵團往底部確實收合滾圓，覆蓋保鮮膜，冷藏（約4℃）鬆弛30分鐘。

整型、最後發酵

(11) 準備流心奶黃餡，1顆完整、1/2切半的組合（約30g）。

(12) 將麵團輕拍排出空氣，按壓成厚度一致圓形片狀。

(13) 在麵皮中間放入流心奶黃餡。

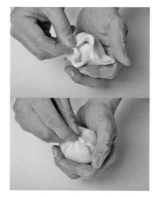

(14) 沿著麵皮拉攏收合包覆住內餡，收合口捏緊，整型成圓球狀。

(15) 將麵團收口朝下，放入花形模中。

(16) 用圓形模框（SN3850）在冰硬定型的雙色杏仁麵皮上，壓切出圓形片狀。

(17) 再將雙色杏仁麵皮，輕輕覆蓋在作法⑮麵團表面，最後發酵約50分鐘。

烘烤

(18) 放入烤箱，以上火170℃／下火170℃，烤約14分鐘。

SWEET BREAD 03

抹香奶綠花圈

菓子甜麵團搭配濃郁抹茶內餡，以濃醇奶香烘
托出的抹茶香氣，結合聖誕花圈的概念為發想
打造出宛如繽紛花圈般的造型；整型時由於擀
捲的圈數較多的關係，烘烤後成型的表面會有
宛如丹麥麵包般分明漂亮的紋理層次。

份量 5個

剖面結構層次

1 糖粉
2 覆盆子乾燥碎粒
3 抹茶奶香餡
4 甜麵團

材料

麵團

麵團	份量	配方
Ⓐ 高筋麵粉	450g	90%
低筋麵粉	50g	10%
細砂糖	60g	12%
岩鹽	9g	1.8%
奶粉	20g	4%
新鮮酵母	18g	3.5%
麥芽精	1g	0.2%
鮮奶油	60g	12%
全蛋	90g	18%
水	170g	34%
Ⓑ 無鹽奶油	70g	14%

抹茶奶香餡

Ⓐ 無鹽奶油	303g
糖粉	70g
蜂蜜	35g
鹽	2.5g
Ⓑ 全蛋	55g
牛奶	50g
抹茶粉	33g
奶粉	310g

製作工序

抹茶餡

↓ 攪拌製作抹茶餡，冷藏備用。

攪拌麵團

↓ 所有材料（奶油除外）攪拌至有筋性，加入奶油攪拌至8分筋，終溫26℃。

基本發酵

↓ 30分鐘。

分割、冷藏鬆弛

↓ 麵團180g，滾圓，冷藏鬆弛30分鐘。

整型

↓ 擀平，抹上抹茶餡，捲成圓柱狀，縱切成二（不切斷），交叉編結至底，接合整型成中空環狀。

最後發酵

↓ 40分鐘。塗刷全蛋液。

烘烤、裝飾

16分鐘（180℃／180℃）。
篩撒糖粉，用覆盆子乾燥碎點綴。

作法

抹茶奶香餡

01　將室溫軟化奶油與材料Ⓐ攪拌至顏色泛白，分次加入全蛋攪拌融合。

02　加入過篩的粉類、牛奶攪拌混合均勻，冷藏備用。

製作麵團

03　麵團的攪拌製作同P74-75「基本甜麵團」作法1-5，攪拌終溫26℃。整理成光滑緊實麵團，基本發酵30分鐘。

04　將麵團分割成180g，將麵團往底部確實收合滾圓，覆蓋保鮮膜，冷藏（約4℃）鬆弛30分鐘。

整型、最後發酵

05　將麵團輕拍壓出氣體，用擀麵棍延壓擀平成厚度一致的長片狀。

06　光滑面朝下，用抹刀在表面均勻塗抹上抹茶奶香餡。

07　從長側邊往內先捲起小折，稍按壓固定，順勢捲起到底收合成圓柱狀，再往兩側滾動搓長，冷藏鬆弛。

(08) 將麵團搓揉成細長條（約50cm），輕按壓拍平。

(09) 縱切到底成二細長條（頂部處預留1cm，不切斷）。

──────────

❗ 在辮子麵團的前端用重物壓住固定後再編結，可避免麵團散開，編辮較好操作、整型好的辮子會較美觀。

(10) 固定開始端，將切面朝上，以交叉的方式編結到底成辮子狀（尾端先不黏合）。

(11) 再將開始端與尾端接合捏緊，整型成中空環狀。

(12) 收合口朝下，放入烤盤，最後發酵40分鐘，避開抹茶奶香餡處在麵皮上塗刷全蛋液。

烘烤、裝飾

(13) 放入烤箱，以上火180℃／下火180℃，烤約16分鐘，待冷卻。

(14) 表面篩撒上糖粉、用覆盆子乾燥碎沿著內側邊緣撒放點綴。

SWEET BREAD 04

仲夏の果實

柔軟的麵團包入酸甜濃郁的百香奶油餡,將帶
有顆粒口感的酥菠蘿做表層結合,搭配鑲嵌的
覆盆子果醬,宛如洋菓子般的外觀繽紛有型。
酸甜的仲夏水果風味,是這款麵包的一大魅
力。

|份量| 5個
|模型| 圓形模框／圓形片

剖面結構層次

1 開心果碎
2 酥菠蘿
3 覆盆子果醬
4 鳳梨百香果乾
5 百香奶油餡
6 甜麵團

材料

麵團

麵團	份量	配方
Ⓐ 高筋麵粉	225g	90%
低筋麵粉	25g	10%
細砂糖	30g	12%
岩鹽	4.5g	1.8%
奶粉	10g	4%
新鮮酵母	9g	3.5%
麥芽精	1g	0.2%
鮮奶油	30g	12%
全蛋	45g	18%
水	85g	34%
Ⓑ 無鹽奶油	35g	14%

鳳梨百香果乾

新鮮鳳梨	150g
百香果果泥	90g
細砂糖	45g

百香奶油餡

無鹽奶油	70g
糖粉	80g
全蛋	50g
杏仁粉	70g
低筋麵粉	30g
百香果果泥	60g

酥菠蘿

無鹽奶油	35g
糖粉	26g
法國粉	52g

表面用果醬

覆盆子果醬（P32）	適量

製作工序

百香奶油餡

所有材料拌煮至濃稠收汁。

鳳梨百香果乾

所有材料熬煮約30分鐘即可。

酥菠蘿

軟化奶油、糖粉攪拌鬆發，加入法國粉攪拌均勻，冷藏。

攪拌麵團

所有材料（奶油除外）攪拌至有筋性，加入奶油攪拌至8分筋，終溫26℃。

基本發酵

30分鐘。

分割、冷藏鬆弛

麵團18g×2，滾圓，冷藏鬆弛30分鐘。

整型

擀壓，包入百香奶油餡、鳳梨百香果乾，收合，稍搓長，2條為組，鋪放入模型，表面放上圓鐵片，周圍放上酥菠蘿。

最後發酵

30分鐘。

烘烤、組合

16分鐘（170℃／160℃）。
填充果醬，篩撒糖粉，用開心果碎點綴。

作法

準備模型

01 使用的模型為圓形模框、圓形片。

鳳梨百香果乾

02 將所有材料小火熬煮約30分鐘至鳳梨乾完全入味,待冷卻,覆蓋保鮮膜,浸漬一晚(浸漬一晚風味更佳),濾出汁液。

03 將鳳梨片鋪放在已鋪好烤焙紙的烤焙盤上,用上火150℃/下火150℃,烘烤約10分鐘。

百香奶油餡

04 將所有材料用小火拌煮至濃稠收汁狀態即可,冷藏備用。

酥菠蘿

05 將室溫軟化的奶油與其他材料攪拌混合均勻,用塑膠袋包覆,冷藏待變硬,用細篩網按壓過篩成細粒狀即可。

製作麵團

06 麵團的攪拌製作同P74-75「基本甜麵團」作法1-5,攪拌終溫26℃。整理成光滑緊實麵團,基本發酵30分鐘。

07 將麵團分割成18g×2,將麵團往底部確實收合滾圓,覆蓋保鮮膜,冷藏(約4℃)鬆弛30分鐘。

整型、最後發酵

08 將麵團輕拍排出空氣,擀壓成橢圓片狀,光滑面朝下。

90

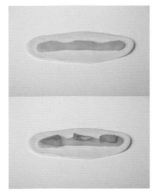

09 横向放置，在中間1/3處先擠入百香奶油餡（約10g），再鋪放鳳梨百香果乾（約5g）。

10 將麵皮對折貼合後沿著接口處捏緊收合，完全包覆住內餡成圓條狀，再輕輕往兩側稍滾動搓細長（約8cm）。

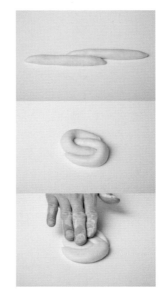

11 取2個細長麵團組，將兩個麵團呈交錯併合近似太極圖形般，稍按壓扁。

12 鋪放入模型中並沿著模邊按壓延展後，在表面一側邊放上圓形鐵片，再將鐵片外的周圍鋪放上酥菠蘿（約12g），稍按壓密合。

烘烤

13 表面壓蓋上網架，放入烤箱，以上火170℃／下火160℃，烤約16分鐘。脫模、取除鐵片。

組合裝飾

14 在圓形凹槽處填入覆盆子果醬；用開心果碎沿著內側邊緣撒放，再用彩色糖珠、翻糖小花點綴。

布雷克紫米桂圓

在甜麵團中裹入黑糖奶油餡，外皮酥脆爽口，咬下的內層是鬆軟綿密的口感，與香甜順口的黑糖奶油餡相當協調；整個手法呈現與裹入油麵包的製作相似，搭配的內餡則源自於冬日甜品，黑糖紫米粥的概念。

份量 10個

模型 SN6031（大圓模，94×83×35mm）

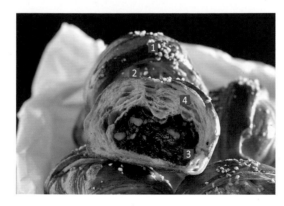

剖面結構層次

1 珍珠糖
2 黑糖奶油
3 紫米桂圓餡
4 甜麵團

<table>
<tr><td colspan="3">材料</td></tr>
</table>

材料

麵團	份量	配方
Ⓐ 高筋麵粉	450g	90%
低筋麵粉	50g	10%
細砂糖	60g	12%
岩鹽	9g	1.8%
奶粉	20g	4%
新鮮酵母	18g	3.5%
麥芽精	1g	0.2%
鮮奶油	60g	12%
全蛋	90g	18%
水	170g	34%
Ⓑ 無鹽奶油	70g	14%

黑糖奶油

黑糖	160g
無鹽奶油	50g

紫米桂圓餡

Ⓐ 紫米	120g
紅酒	120g
水	120g
黑糖	33g
Ⓑ 桂圓	60g
紅酒	22g
烤熟核桃	58g

製作工序

黑糖奶油

黑糖、室溫軟化的奶油攪拌均勻。

↓

紫米桂圓餡

將浸泡軟化的紫米與其他材料Ⓐ混合拌勻，蒸熟至紫米熟透。
再與浸漬的紅酒桂圓、核桃拌勻。

↓

攪拌麵團

所有材料攪拌均勻至光滑9分筋，終溫26℃。

↓

基本發酵

30分鐘。

↓

冷藏鬆弛

麵團壓平，冷藏鬆弛1晚。

↓

折疊裹入

麵團（980g）包裹黑糖奶油（210g）。
折疊。3折1次，2折1次，折疊後冷藏鬆弛5分。

↓

分割、整型

延壓成長片狀，對折，裁切成寬1.5cm長條形（85g），放上紫米桂圓餡（50g），纏繞捲成球狀，放入模型中。

↓

最後發酵

50分鐘。刷全蛋液，撒上珍珠糖。

↓

烘烤

15分鐘（190℃／190℃）。

準備模型

01 使用的模型為SN6031，使用前須噴上烤盤油。

黑糖奶油

02 黑糖、室溫軟化的奶油攪拌混合均勻。

紫米桂圓餡

03 材料Ⓑ浸泡隔夜軟化入味。將浸泡軟化的紫米與其他所有材料Ⓐ混合，用電鍋蒸煮至熟，待冷卻，與紅酒桂圓、核桃混合拌勻。

04 將紫米桂圓餡分割成50g，搓揉成圓球狀。

❗ 紫米桂圓餡較濕黏，搓揉整型時，手部沾點油可避免沾黏較好操作。

製作麵團

05 麵團的攪拌製作同P74-75「基本甜麵團」作法1-5，攪拌終溫26℃。將麵團分割成980g整理成光滑緊實麵團，基本發酵30分鐘。

06 用手拍壓麵團將氣體排出，壓平整成片狀，用塑膠袋包覆，冷藏（約4℃）鬆弛1晚（約12-16小時）。

折疊裹入

07 將冷藏後的麵團稍壓平後，延壓擀開成長片狀（約60cm）。

08 用抹刀在麵皮表面2/3平均抹勻黑糖奶油（預留1/3）。

09 將預留1/3的麵團先向內折疊，再將另一側向內折疊1/3折疊，折疊成3折，包覆住黑糖奶油（3折1次）。

(10) 用擀麵棍延壓擀開（讓內餡與麵團密合），延壓平整成薄長片狀（厚約5mm）。

(11) 再將麵皮對折（2折1次），延壓擀平至成50cm×20cm長片狀。

(12) 再將麵皮對折後（對折後再裁切較好操作），裁切成寬約1.5cm的長條狀（約85g），用塑膠袋包覆，冷藏鬆弛5分鐘。

整型、最後發酵

(13) 將作法⓬長條麵皮攤展平，在一側的尾端鋪放上紫米桂圓餡（約50g）。

(14) 按壓固定住尾端麵皮後，順著圓球以十字纏繞的方式盤捲，完全包覆住內餡，整型成圓球狀。

(15) 麵團收口朝下，放入圓形模中，最後發酵約50分鐘。用毛刷在表面輕柔塗刷上全蛋液，撒上珍珠糖。

烘烤

(16) 放入烤箱，以上火190℃／下火190℃，烤約15分鐘。

藝術家檸檬奶奶

運用甜點的檸檬奶油餡融合在麵包的風味呈現上，濕潤柔軟的麵包內包藏著自製的檸檬奶油餡，清新酸甜、香氣濃烈，酸甜綿密口感令人驚艷；表層披覆滑順白巧克力，用杏仁粒、果乾粒裝點，外觀宛如蛋糕般精巧，非常適合作為午後茶點。

份量　12個
模型　SN9106
　　　（11連淺半圓模365×265×36mm）

剖面結構層次
1 果乾
2 檸檬皮屑
3 白巧克力
4 檸檬奶油餡
5 甜麵團

材料

麵團	份量	配方
Ⓐ 高筋麵粉........ 225g		90%
低筋麵粉.......... 25g		10%
細砂糖.............. 30g		12%
岩鹽 4.5g		1.8%
奶粉 10g		4%
新鮮酵母............ 9g		3.5%
麥芽精................ 1g		0.2%
鮮奶油 30g		12%
全蛋 45g		18%
水 85g		34%
Ⓑ 無鹽奶油.......... 35g		14%

檸檬奶油餡

全蛋.......................................115g	
細砂糖....................................95g	
黃檸檬汁 95g	
無鹽奶油 105g	
新鮮羅勒葉............................2片	

製作工序

檸檬奶油餡

蛋、細砂糖攪拌均勻,沖入煮沸的檸檬汁,加入奶油拌至融合,加入羅勒葉碎拌勻,冷藏。

↓

攪拌麵團

所有材料攪拌均勻至光滑9分筋,終溫26℃。

↓

基本發酵

30分鐘。

↓

分割、冷藏

麵團35g,滾圓,冷藏鬆弛30分鐘。

↓

整型

整型成圓球狀,放入模型。

↓

最後發酵

40分鐘。

↓

烘烤、組合

6分鐘(200℃/190℃)。
由底部擠入檸檬奶油餡。表面披覆白巧克力,撒上杏仁角、果乾。

作法

準備模型

01　使用的模型為SN9106,使用前須噴上烤盤油。

檸檬奶油餡

02　蛋、細砂糖攪拌至糖融化。

03　檸檬汁加熱煮沸後,邊攪拌邊加入到作法02拌勻煮至沸騰,離火,用網篩過濾,待麵糊降溫至36℃。

! 黃檸檬的酸度較為柔和,若買不到也可用檸檬代替。

04 加入奶油攪拌至乳化，加入羅勒葉碎混勻，冷藏備用。

製作麵團

05 麵團的攪拌製作同P74-75「基本甜麵團」作法1-5，攪拌終溫26℃。整理成光滑緊實麵團，基本發酵30分鐘。

06 將麵團分割成35g，將麵團往底部確實收合滾圓，覆蓋保鮮膜，冷藏（約4℃）鬆弛30分鐘。

整型、最後發酵

07 將麵團輕拍排出空氣成圓形片狀、平順光滑面朝下，麵團對折朝底部捏緊收合，滾圓成圓球狀。

08 將麵團收口朝下，放入模型中，最後發酵約40分鐘。

烘烤

09 放入烤箱，以上火200℃／下火190℃，烤約6分鐘，出爐，連同模型震敲後脫模，待冷卻。

組合裝飾

10 用擠花袋裝入檸檬奶油餡，從麵包底部擠入內餡（約25g）。

11 調溫白巧克力隔水加熱融化。

12 將麵包表層沾裹勻白巧克力，刨上檸檬皮屑、果乾，刷上金粉點綴。

SWEET BREAD 07

魔力紅令果

突破味蕾與視覺的想像！以揉合的雙色展現麵包體外型，內層運用泡芙夾心，阻隔內餡與麵團的接觸，避開水分滲透破壞口感的情形外，也疊入了泡芙皮的酥香。一款能充分享受焦糖蘋果的香氣滋味，與泡芙甜點、麵包交織出的味蕾新組合。

份量 8個

剖面結構層次
1 雙色外皮
2 泡芙
3 焦糖蘋果餡
4 甜麵團

前置作業

製作泡芙、焦糖蘋果餡。

攪拌麵團

所有材料（奶油除外）攪拌至有筋性，加入.奶油攪拌至9分筋，終溫26℃。
切取原味麵團200g、140g。取原味麵團（200g）加入蘿蔔紅櫨子花粉攪拌混合均勻。

基本發酵

30分鐘。

分割、冷藏鬆弛

麵團拍平平整，冷藏鬆弛30分鐘。

整型

將原味、紅色麵團擀平，重疊後延壓成片狀，再捲成圓筒狀，分切小塊（40g），滾圓形成不規則表面紋路。
另將泡芙擠入焦糖蘋果餡，雙色麵皮稍壓扁，包覆泡芙體，整型成圓球狀。

最後發酵

40分鐘。

烘烤、裝飾

12分鐘（150℃／170℃）。
用巧克力做成果蒂，用薄荷葉裝飾。

材料

麵團

麵團	份量	配方
Ⓐ 高筋麵粉	225g	90%
低筋麵粉	25g	10%
細砂糖	30g	12%
岩鹽	4.5g	1.8%
奶粉	10g	4%
新鮮酵母	9g	3.5%
麥芽精	1g	0.2%
鮮奶油	30g	12%
全蛋	45g	18%
水	85g	34%
Ⓑ 無鹽奶油	35g	14%
Ⓒ 蘿蔔紅櫨子花粉7.8g		

泡芙

無鹽奶油	25g
鹽	0.8g
低筋麵粉	40g
水	50g
細砂糖	10g
蛋	56g

焦糖蘋果餡

細砂糖	16g
鮮奶油	9g
蜂蜜	12g
水	20g
肉桂粉	1g
蘋果丁	200g
香草莢	1/4支

作法

焦糖蘋果餡

01 蘋果去皮、去除果核，切小丁狀。將蘋果丁與其他所有材料拌煮至蘋果軟熟、濃稠收汁即可。使用前再均質細緻使用。

泡芙

02 將奶油、水、細砂糖、鹽放入鍋中，邊加熱邊攪拌融解奶油，煮至奶油融化沸騰。

鍋底可形成乾皮薄膜

03 加入過篩低筋麵粉，以打蛋器邊加熱邊攪拌，直至麵團光滑透明且具黏性，離火，降溫。

04 將作法03倒入容器中，稍攪拌打至稍降溫，分次加入蛋液攪拌至完全融入麵糊中。

05 將麵糊裝入擠花袋中，在鋪好烤焙布的烤盤中，相間隔擠出圓形麵糊（約20g）。

06 放入烤箱，以上火150℃／下火170℃，烤約12分鐘，至麵糊膨脹呈金黃色，待冷卻備用。

攪拌麵團

07 麵團的攪拌製作同P74-75「基本甜麵團」作法1-5，攪拌終溫26℃。

08 將麵團先分割切取出原味麵團200g、140g。取原味麵團（200g）加入蘿蔔紅梔子花粉攪拌混合均勻，做成紅色麵團。

基本發酵

09 將原味、紅色麵團整理成表面光滑緊實，基本發酵約30分鐘。

⑩ 將原味、紅色麵團用手拍壓將氣體排出，壓平整成片狀，用塑膠袋包覆，冷藏（約4℃）鬆弛30分鐘。

整型、最後發酵

⑪ 將原味、紅色麵團上下重疊放置，用擀麵棍延壓擀平成長片狀。

⑫ 從長側邊由外往中間捲起到底成長條圓柱狀，平均分切成小麵團（約40g）。

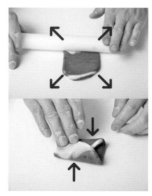

⑬ 將麵團輕輕朝四周擀壓開、翻面，再分別由前後兩端朝中間折疊，重複擀開、折疊的操作2-3次，直到表面呈現出漸層紅的紋理狀態。

⑭ 放置掌心上沿著邊收合整型成圓片狀。

⑮ 將冷卻的泡芙灌入焦糖蘋果餡。

⑯ 再將作法⑭的麵團，稍拍壓平，光滑面朝下，中間放入泡芙，並將麵皮包覆住泡芙，捏緊收合口，整型成圓球狀。

⑰ 將麵團收合口朝下，放入烤盤，最後發酵約40分鐘，用手指在中心處往下稍按壓。

烘烤、裝飾

⑱ 放入烤箱，以上火150℃／下火170℃，烤約12分鐘。將巧克力細棒插置麵包中間處，做成果蒂，用薄荷葉做成蘋果葉。

魔漾幻彩潘朵拉

緞帶般的外層麵皮下，是包藏香甜內餡的麵包體；豐潤的口感中，隱約散發著杏仁餡與果乾的迷人香氣。美麗整型的重點訣竅，就在層疊麵團擀壓的手法，漂亮的盤捲整型，讓麵包呈現出細膩的紋理線條感。是款洋溢著浪漫氣息，會讓人感到驚喜的美味麵包。

份量 5個
模型 SN2179（60×60×60mm）

剖面結構層次

1 幻彩外皮（粉紅）
2 伯爵茶杏仁餡
3 幻彩外皮（粉黃）
4 芒果香甜杏仁餡
5 幻彩外皮（可可）
6 巧克力甘納許
7 甜麵團

材料 （1色的配方用量）

麵團	份量	配方
Ⓐ 高筋麵粉	450g	90%
低筋麵粉	50g	10%
細砂糖	6g	12%
岩鹽	9g	1.8%
奶粉	20g	4%
新鮮酵母	17.5g	3.5%
麥芽精	1g	0.2%
鮮奶油	60g	12%
全蛋	90g	18%
水	170g	34%
Ⓑ 無鹽奶油	70g	14%

紅色麵皮

Ⓐ 原味麵團		140g
紅色梔子粉		3g
Ⓑ 原味麵團		200g

黃色麵皮

Ⓐ 原味麵團		140g
黃色梔子粉		3g
Ⓑ 原味麵團		200g

可可麵皮

Ⓐ 原味麵團		140g
可可粉		9.8g
水		9.8g
無鹽奶油		4.5g
Ⓑ 原味麵團		200g

內餡

伯爵茶杏仁餡（P111）		適量
芒果香甜杏仁餡（P111）		適量
巧克力甘納許（P111）		適量

製作工序

3色緞帶表皮

原味麵團140g×3、原味麵團200g×3；分別將140g加入紅、黃梔子花粉、可可粉材料揉搓均勻，做表皮3色麵團。

將紅色、黃色、可可色（各140g）擀成片狀，分別與片狀的原味麵團重疊，再擀壓成厚約3mm，對切後再對切成8層，冷凍鬆弛30分鐘。

裁切成厚約4mm，排列成麵皮，再延壓擀平至厚約2.5mm，裁切成每條3×24cm（26g）。

↓

攪拌麵團

乾性材料攪拌均勻，加入液態材料攪拌混合，加入新鮮酵母攪拌至光滑，加入奶油攪拌至9分筋，終溫26℃。

↓

基本發酵

30分鐘。

↓

分割、滾圓

麵團28g，滾圓。

↓

中間發酵

30分鐘。

↓

整型

主體麵團拍扁，包餡，整型圓球狀，緞帶麵皮裁成長條狀，稍擀開，包覆主體麵團整型成方塊狀，放入模型。

↓

最後發酵

50分鐘。蓋上模蓋。

↓

烘烤

12分鐘（160℃／180℃）。

準備模型

01 使用的模型為SN2179，使用前須噴上烤盤油。

製作麵團

02 麵團的攪拌製作同P74-75「基本甜麵團」作法1-5，攪拌終溫26℃。

03 將麵團分割切取原味麵團140g×3、200g×3，做3色緞帶麵皮用。其餘麵團作為主體麵團使用。

3色緞帶表皮

04 取原味麵團140g×3。將麵團（140g）加入紅梔子花粉揉搓混合均勻至麵團光滑。

05 將麵團（140g）加入黃梔子花粉揉搓混合均勻至麵團光滑。

06 將麵團（140g）加入可可粉、水、奶油揉搓混合均勻至麵團光滑。

07 將完成的紅、黃、可可色三色麵團，與3個原味麵團（200g），稍按壓平整成片狀，用塑膠袋包覆，冷藏鬆弛30分鐘，備用。

基本發酵

08 整理成光滑緊實麵團，基本發酵30分鐘。

分割、中間發酵

09 將麵團分割成28g，將麵團往底部確實收合滾圓，覆蓋保鮮膜，中間發酵30分鐘。

整型、最後發酵

〈內層麵團〉

10 麵團（28g）輕拍排出空氣，成圓片狀，光滑面朝下。

11 用抹餡匙將芒果香甜杏仁餡（約26g）按壓至麵團中，並將麵皮拉起捏合，包覆內餡，捏緊收合成圓球狀。

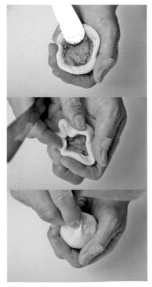

12 依法將伯爵茶杏仁餡（約26g）按壓至麵團中，捏緊收合成圓球狀。

13 依法將巧克力甘納許（約26g）按壓至麵團中、放入酒漬櫻桃，捏緊收合成圓球狀。

〈整型A。粉紅緞帶款〉

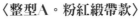

14 將紅色麵團（140g）、原味麵團（200g）重疊放置。

15 擀壓成厚0.3cm×長28cm×寬15cm。

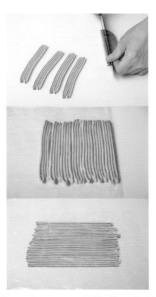

16 對切為二，再對切成8層，包覆好、冷凍鬆弛約30分鐘。

17 裁切成厚4mm長條狀，並整齊排列後，稍延壓擀平成厚3mm。

(20) 將麵團收口朝下放入模型中。

(18) 先裁切成長條狀3×24cm（約26g），再用手稍拉長至長約50cm。

〈整型B。粉黃緞帶款〉

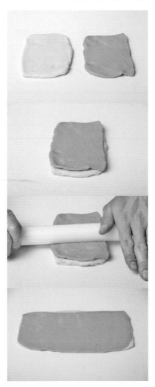

(21) 將黃色麵團（140g）、原味麵團（200g）重疊放置，擀壓成厚0.3cm×長28cm×寬15cm。

(19) 將粉紅緞帶麵皮放在作法⑫收口處上，再將麵皮以十字纏繞的方式，完整包覆住麵團，收口處捏緊，成圓球狀。

(22) 對切為二，再對切成8層，包覆好、冷凍鬆弛約30分鐘。

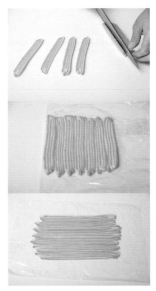

(23) 裁切成厚4mm長條狀，並整齊排列後，稍延壓擀平成厚3mm。

(24) 先裁切成長條狀3×24cm（約26g），再用手稍拉長至長約50cm。

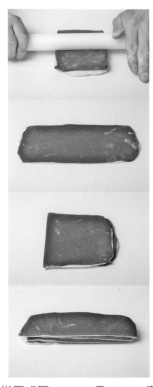

30
先裁切成長條狀3×24cm（約26g），再用手稍拉長至長約50cm。

25 將粉黃緞帶麵皮放在作法⓫收口處上，再將麵皮以十字纏繞的方式，完整包覆住麵團，收口處捏緊，成圓球狀。

26 將麵團收口朝下放入模型中。

28 擀壓成厚0.3cm×長28cm×寬15cm，對切為二，再對切成8層，包覆好、冷凍鬆弛約30分鐘。

31 將可可色緞帶麵皮放在作法⓭收口處上，再將麵皮以十字纏繞的方式，完整包覆住麵團，收口處捏緊，成圓球狀。

〈整型C。可可緞帶款〉

32 將麵團收口朝下放入模型中。

27 將可可色麵團（140g）、原味麵團（200g）重疊放置。

29 裁切成厚4mm長條狀，並整齊排列後，稍延壓擀平成厚3mm。

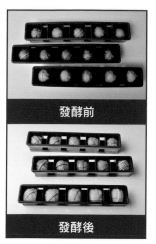

發酵前

發酵後

(33) 最後發酵50分鐘,待麵團發酵至模高的8分滿,蓋上模蓋。

烘烤

(34) 用烤箱以上火160℃/下火180℃,烤約12分鐘,出爐,連同模型震敲後脫模。

FILLING 01　伯爵茶杏仁餡

材料

Ⓐ 無鹽奶油 40g
　 海藻糖 18g
　 糖粉 18g
　 岩鹽 1.2g
Ⓑ 全蛋 20g
　 蛋黃 7.5g
Ⓒ 杏仁粉 37.5g
　 低筋麵粉 7.5g
　 T2茶粉 5g
　 柑橘果膠粉 1g
Ⓓ 水蜜桃香甜酒 2g
　 糖漬檸檬皮丁 20g

作法

① 將所有材料Ⓐ攪拌至顏色變白鬆發狀,分次加入材料Ⓑ攪拌至融合。
② 加入混合過篩的材料Ⓒ混合拌勻至無粉粒。
③ 最後加入材料Ⓓ攪拌混合均勻,覆蓋保鮮膜,備用。

FILLING 02　芒果香甜杏仁餡

材料

Ⓐ 無鹽奶油 40g
　 海藻糖 18g
　 糖粉 18g
　 岩鹽 1.2g
Ⓑ 全蛋 20g
　 蛋黃 7.5g
Ⓒ 杏仁粉 37.5g
　 低筋麵粉 7.5g
　 柑橘果膠粉 1g
Ⓓ 芒果香甜酒 2g
　 芒果乾 20g

作法

① 將所有材料Ⓐ攪拌至顏色變白鬆發狀,分次加入材料Ⓑ攪拌至融合。
② 加入混合過篩的材料Ⓒ混合拌勻至無粉粒。
③ 最後加入材料Ⓓ攪拌混合均勻,覆蓋保鮮膜,備用。

FILLING 03　巧克力甘納許

材料

70%巧克力豆................60g
57%巧克力豆................40g
動物性鮮奶油 50g
轉化糖漿 5g
無鹽奶油 20g

作法

將鮮奶油加熱到60℃,分次沖入到巧克力中混合攪拌至完全融化,加入轉化糖漿拌勻,再加入奶油攪拌至完全乳化,備用。

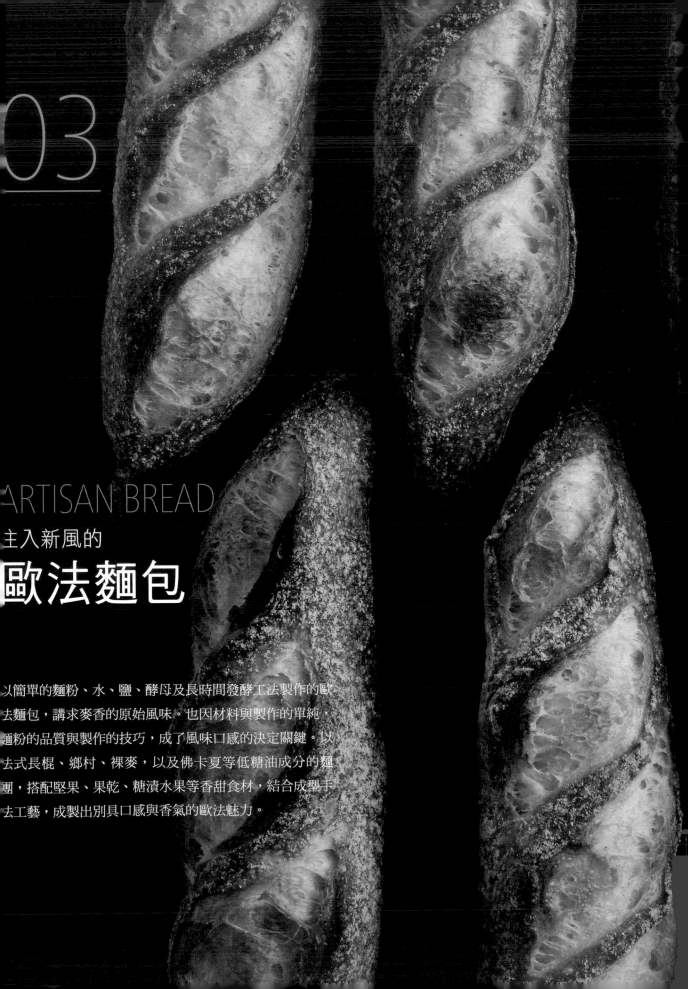

03

ARTISAN BREAD

主入新風的

歐法麵包

以簡單的麵粉、水、鹽、酵母及長時間發酵工法製作的歐
法麵包,講求麥香的原始風味。也因材料與製作的單純,
麵粉的品質與製作的技巧,成了風味口感的決定關鍵。以
法式長棍、鄉村、裸麥,以及佛卡夏等低糖油成分的麵
團,搭配堅果、果乾、糖漬水果等香甜食材,結合成型手
法工藝,成製出別具口感與香氣的歐法魅力。

熔岩玫瑰蔓越莓

在麵團裡加入蔓越莓、核桃、玫瑰花瓣，另外
再加上清香的奶油乳酪，風味輕盈柔和，酸甜
溫潤。儘管外表樸實粗獷，不過麵團經過一夜
低溫發酵，烘托出小麥粉熟成的絕佳風味，自
然甘醇，烘烤出的顏色也帶有大地焦黃樸實的
氣息。

份量 9個

剖面結構層次
1 T85裸麥麵粉
2 奶油乳酪
3 法國麵包麵團
4 蔓越莓

材料		

麵團	份量	配方
Ⓐ 法國粉............	250g	100%
麥芽精...............	1g	0.4%
新鮮酵母............	2g	0.8%
水	158g	63%
岩鹽	5g	2%
橄欖油...............	5g	2%
後加水.............	13g	5%
葡萄菌液（P24）	13g	5%
法國老麵（P26）	25g	10%
Ⓑ 蔓越莓乾..........	50g	20%
熟核桃..............	40g	16%
食用玫瑰花瓣 ..	10g	4%

內餡用（每份20g）

奶油乳酪 180g

製作工序

攪拌麵團

將材料Ⓐ（酵母、後加水除外）攪拌混合均勻，加入新鮮酵母攪拌至麵筋形成，分次加入後加水攪拌至9分筋，加入材料Ⓑ以切拌、重疊的方式混合拌勻，終溫22℃。

基本發酵、冷藏鬆弛

30分鐘。冷藏鬆弛1晚，隔日取出先放室溫靜置60分鐘。

分割

麵團55g，折疊滾圓。

中間發酵

25分鐘。

整型

包入內餡，收合（不捏緊）。

最後發酵

40分鐘。

烘烤

蒸氣1次。
烤8分鐘（260℃／220℃）。

作法

攪拌麵團

延展開的狀態

(01) 將所有材料Ⓐ（酵母、後加水除外）慢速攪拌混合均勻，再加入剝碎的新鮮酵母攪拌混合至麵筋形成。

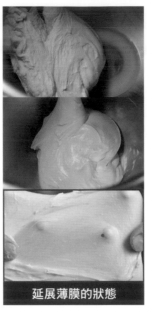

延展薄膜的狀態

(02) 分幾次加入後加水繼續攪拌均勻至光滑、具良好延展性的麵團。

❗ 添加適量的橄欖油可讓麵包有良好的適口性。

(03) 最後加入材料Ⓑ，以分切麵團、上下重疊。

(04) 再對切、重疊放置的切拌方式混合均勻即可，攪拌終溫22℃。

基本發酵、冷藏鬆弛

發酵前

發酵後

(05) 整合成圓球狀麵團，基本發酵30分鐘。移置冷藏鬆弛1晚約12-18小時。隔日取出放室溫回溫60分鐘。

分割、中間發酵

06 將折凹槽的發酵帆布上先撒上 T85裸麥麵粉。將麵團分割成 55g，放置發酵帆布上，中間 發酵25分鐘。

整型、最後發酵

07 將手部沾上大量T85裸麥麵 粉，用手掌輕拍麵團排出氣 體、平順光滑面朝下。

08 將奶油乳酪分割成小塊，稍搓 圓（約20g），並在麵團中間 放入奶油乳酪餡。

09 將另一手沾上大量T85裸麥麵 粉，用手包覆住麵團收合（收 口處不需完全捏緊收合），讓 表面沾裹上T85裸麥麵粉。

10 將麵團收口朝下，放置折凹槽 的發酵帆布上，最後發酵約40 分鐘後，再將麵團收口朝上移 置烤焙紙上。

⚠️ 收口朝下放置帆布上發酵， 可避免因發酵膨脹致使開口過度 外擴開影響外觀。

烘烤

11 放入烤箱，以上火260℃／ 下火220℃，入爐後開蒸氣3 秒，烘烤8分鐘即可。

ARTISAN BREAD 02

風味小魔杖

法式短棍的體積相較長棍麵包的形狀較為
精巧。以簡單的材料,透過低溫長時間發
酵的方式製作,烘托出小麥粉的原有香氣
風味。外皮酥脆、肉層口感香Q富彈性
風味樸實強烈特別適合當餐前麵包。

份量 12個

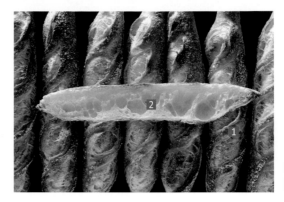

剖面結構層次

1 T85裸麥麵粉
2 法國麵包麵團

材料		
麵團	份量	配方
法國粉 250g		100%
麥芽精 1g		0.2%
新鮮酵母 1.5g		0.6%
冰水 160g		64%
葡萄酵種（P25）.... 38g		15%
岩鹽 4.5g		2.1%
後加水 13g		5%

製作工序

攪拌麵團

法國粉、麥芽精、冰水慢速攪拌，冷藏靜置自我發酵30分鐘，加入新鮮酵母、葡萄酵種攪拌至5分筋，加入鹽攪拌混合後，加入後加水攪拌至9分筋，終溫22℃。

基本發酵、翻麵排氣

20分鐘，壓平排氣、翻麵20分鐘，重複操作共2次。

分割

麵團35g，拍折成橢圓狀。

冷藏鬆弛

2小時。

整型

折成14cm長條狀。

最後發酵

50分鐘，斜劃5刀口。

烘烤

蒸氣1次。
烤8分鐘（260℃／220℃）。

麵包的風味學

所謂的後加水（又稱二次水）是指第一次加水之外，在攪拌過程中再加入水的動作。後加水的要領在於麵團要攪拌到形成麵筋後再分次少量加入，如此可提高麵粉的吸水率，產生光澤和完整的氣泡。

作法

攪拌麵團

(01) 將法國粉、麥芽精、冰水先慢速攪拌混合均勻。

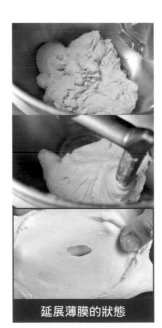

延展開的狀態

(02) 此時麵團連結弱一拉扯容易被扯斷。

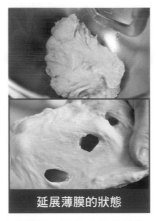

延展薄膜的狀態

(03) 冷藏靜置，進行自我分解約30分鐘。相較之前此時麵團連結變強，有筋性。

⚠ 完成自我分解的期間，麵筋組織會逐漸形成可薄薄延展的狀態。此時麵團的表面也會變得較之前更加平滑。

延展薄膜的狀態

(04) 加入剝碎的新鮮酵母攪拌混合後，加入葡萄酵種混合攪拌至麵筋形成（5分筋），加入鹽混合攪拌均勻（7分筋）。

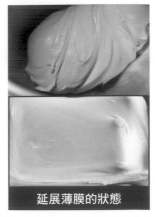

延展薄膜的狀態

(05) 再加入後加水繼續攪拌均勻至光滑（9分筋）、具良好延展性，攪拌終溫22℃。

⚠ 待麵團形成筋性後再分次加入後加水攪拌。

基本發酵、翻麵排氣

發酵前

發酵後

(06) 整合輕拍壓麵團，基本發酵20分鐘。

07 由左、右側分別朝中間折疊成3折，輕壓平整，再從內側朝中間折疊成3折，平整排氣，繼續發酵20分鐘。再重複折疊翻麵的操作1次後發酵20分鐘。

❗ 用相同的力道按壓整體麵團，按壓方式不均勻時，麵團中的氣體含量也會不均勻。

08 將麵團分割成35g，輕拍排出空氣，由內側往外側對折，轉縱向，再由前後兩側往中間對折，稍微滾動整理麵團成橢圓，冷藏鬆弛約2小時。

09 輕拍麵團排出氣體、平順光滑面朝下。

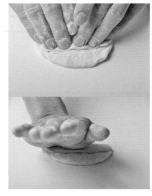

10 從內側往中間折1/3，用手掌的根部按壓折疊的接合處使其貼合。

11 再由外側往中間折1/3，用手指按壓折疊的接合處使其貼合。

(12) 用手掌的根部按壓接合處密合，輕拍壓均勻。

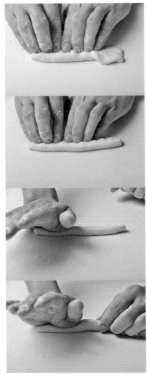

(13) 再由外側往內側對折，滾動按壓接合處密合。

(14) 由兩側輕輕滾動搓揉成細尖端長棒狀（約14cm）。

(15) 將麵團收口朝下，放置折凹槽的發酵帆布上，最後發酵約50分鐘。

⚠ 將發酵帆布折成凹槽隔開左右兩側，可支撐麵團不會向側面攤塌，能防止發酵麵團變軟塌形。

(16) 用移動板將麵團移到烤焙紙上。

⚠ 若沒有移動板，可利用硬板子、或是厚紙板來輔助移動麵團。

(17) 在表面篩撒上T85裸麥麵粉，用割紋刀在表面呈45度角的斜劃出5道刀口。

⚠ 每條刀紋的長度須一致，前後相鄰的刀紋約呈1/3重疊的平行劃切。

烘烤

(18) 放入烤箱，以上火260℃／下火220℃，入爐後開蒸氣3秒，烘烤8分鐘即可。

蜂香花冠裸麥鄉村

使用添加葡萄酵種製作成的裸麥種。同時搭配法國老麵與葡萄酵種兩種不同發酵種以提升風味。外皮厚實酥脆，風味上結合了裸麥與蜂蜜，蜂蜜的甜味讓麵包的風味更加香醇。平順味道洋溢著蜂香的核桃風味與搶眼外觀，是此款麵包的魅力所在。

份量 3個

結構層次

1 裸麥粉
2 裸麥麵團

材料

裸麥種

	份量	配方
T85裸麥麵粉........	250g	25%
法國粉	125g	12.5%
葡萄酵種（P25）..	250g	25%
水........................	170g	17%

主麵團

	份量	配方
Ⓐ 法國粉............	300g	30%
蜂蜜	50g	5%
新鮮酵母	6g	0.6%
水	19g	19%
岩鹽	18g	1.8%
法國老麵 (P26)	340g	34%
Ⓑ 蜜桃核............	160g	16%

製作工序

裸麥種

所有材料攪拌至6分筋，室溫發酵2小時，冷藏12-16小時。

↓

攪拌麵團

所有材料慢速攪拌成光滑麵團8分筋，加入材料Ⓑ拌勻，終溫24℃。

↓

基本發酵、翻麵排氣

45分鐘，壓平排氣、翻麵45分鐘。

↓

分割

100g×5，折疊滾圓。

↓

中間發酵

25分鐘。

↓

整型

5個為組。分別將麵團折疊成橢圓形（4個）、圓形（1個），圓形為中間，4個橢圓呈放射狀排列成型。

↓

最後發酵

50分鐘。
表面篩上T85裸麥麵粉，劃刀口。

↓

烘烤

蒸氣1次。
烤30分鐘（210℃／200℃）。

作法

製作麵團

01　裸麥種的攪拌製作參見P27「裸麥種」作法1-2，攪拌終溫24℃，室溫發酵2.5小時後，放冷藏（約4℃）靜置發酵約12-16小時。

02　將裸麥種、主麵團的所有材料（酵母除外）慢速攪拌混合均勻。

延展薄膜狀態

03　加入剝碎的新鮮酵母中速攪拌混合均勻至完全擴展攪（8分筋）。

04　再加入蜜核桃混拌均勻，攪拌終溫24℃。

基本發酵、翻麵排氣

05　將麵團折疊收合成光滑緊實圓球狀，基本發酵45分鐘。

06　從內側、外側分別往中間折疊成3折，輕壓平整。

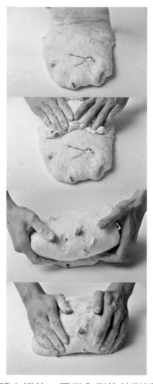

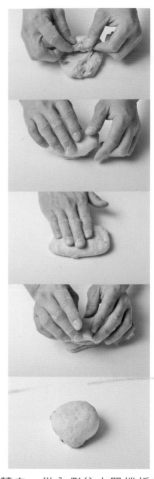

(07) 轉向縱放，再從內側往外側折疊成3折，平整排氣，繼續發酵45分鐘。

❗ 用相同的力道按壓整體麵團，按壓方式不均勻時，麵團中的氣體含量也會不均勻。

(09) 輕拍排出空氣，稍滾動搓圓後，分別將麵團對折、轉向再對折往底部收合滾圓，中間發酵約25分鐘。

(11) 轉向，從內側往中間捲折2折，均勻輕拍。轉向，捲折收合成圓球狀。

分割、中間發酵

(08) 將麵團分割成100g×5。

整型、最後發酵

〈圓形〉

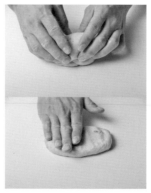

(10) 將麵團輕拍麵團排出氣體，由內側往外側捲折收合於底，成圓球狀，輕拍壓。

〈橢圓形〉

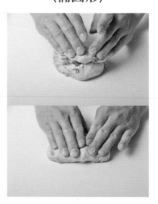

(12) 輕拍麵團排出氣體，由內側往外側捲折起，輕拍，轉向。

(13) 分別從內側、外側往中間折起1/3，用手指按壓折疊的接合處使其貼合。

(14) 均勻輕拍，再由外側往內側對折，滾動按壓麵團、搓揉兩側整成橢圓狀。完成4個橢圓狀麵團。

(15) 將圓形麵團（收口朝下）擺放中間，其他4個橢圓麵團沿著圓麵團弧形呈稍交錯的擺放形成旋風狀。

(16) 中心以外的部分篩撒上T85裸麥麵粉，用割紋刀分別在四側邊劃刀口，形成如鋸齒般的渦輪狀。

⚠ 割紋刀與麵團表面呈45度角地割劃出紋路。

(17) 在中心處擺放膠片圖紋，篩撒上T85裸麥麵粉，放置折凹槽的發酵布上，放置室溫，最後發酵約50分鐘。

⚠ 將發酵帆布折成凹槽隔開左右兩側，可支撐麵團不會向側面坍塌，能防止發酵麵團變軟塌形。

烘烤

(18) 放入烤箱，以上火210℃／下火200℃，入爐後開蒸氣3秒，烘烤30分鐘即可。

⚠ 烤過切片後沾佐蜂蜜食用，別有一番風味。

虎紋星花鄉村

在麵團中添加裸麥粉,並使用葡萄酵種以突顯純樸的甜味、香氣;此相乘效果讓麵團的風味更加深邃。外層利用天然食材與麵團揉和,擀壓整型出美麗的紋理,展演出樸實鄉村的深厚魅力。

份量 3個

結構層次

1 裸麥粉
2 星花外皮
3 裸麥麵團

材料

麵團

麵團	份量	配方
T85裸麥麵粉........	100g	10%
法國粉	750g	75%
麥芽精	3g	0.3%
新鮮酵母	6g	0.6%
岩鹽	2g	2%
葡萄酵種（P25）..	300g	30%
水	540g	54%

花紋底麵團（表皮）

原味麵團	300g
T85裸麥麵粉	80g

紅色紋麵團（表皮）

原味麵團	100g
葡萄紅梔子花粉	2.5g

原色紋麵團（表皮）

原味麵團	250g
T85裸麥麵粉	10g

製作工序

攪拌麵團

所有材料慢速攪拌成團，加入新鮮酵母攪拌光滑至8分筋，終溫24℃。
另分割出麵團（300g、100g、250g）分別加入T85，以及葡萄紅梔子花粉、T85攪拌均勻。

基本發酵、翻麵排氣

40分鐘，壓平排氣、翻麵40分鐘。

分割

麵團80g×5，拍折成橢圓狀。

中間發酵

25分鐘。

整型

將表皮原色紋底麵團、葡萄紅麵團擀平，重疊後擀壓厚度5mm，捲成圓柱狀，再裁切成厚度8mm圓形片。
圓形片鋪放在花紋底麵團上，延壓成厚3mm，裁切出星花形。
主體麵團整型成橢圓狀，擺放星花形麵皮上。

最後發酵

50分鐘。篩粉。

烘烤

蒸氣1次。
30分鐘（220℃／210℃）。

攪拌麵團

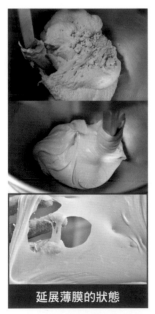

01 將所有材料（酵母除外）慢速攪拌混合均勻。

02 加入剝碎的新鮮酵母中速攪拌混合均勻至完全擴展（8分筋），攪拌終溫22℃。

延展薄膜的狀態

03 將麵團先分割切取出，原味麵團300g、100g、250g、主體麵團。

〈花紋底麵團〉

04 將麵團（300g）加入T85裸麥麵粉攪拌混合均勻。

〈紅色紋麵團〉

05 將麵團（100g）加入葡萄紅櫨子粉攪拌混合均勻。

〈原色紋麵團〉

06 將麵團（250g）加入T85裸麥麵粉攪拌混合均勻。

07 將表皮的3種麵團，覆蓋保鮮膜，冷藏鬆弛。

基本發酵、翻麵排氣

08 整理麵團成光滑緊實圓球狀，基本發酵40分鐘。從內側、前側分別往中間折疊成3折，輕壓平整。

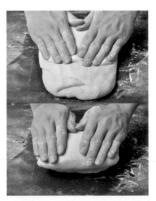

09 轉向縱放，再從內側往中間折疊成3折，平整排氣。

(10) 繼續發酵40分鐘。

分割、中間發酵

(11) 麵團分割成80g×5，輕拍稍平整，由內側往中間對折，輕壓平整。

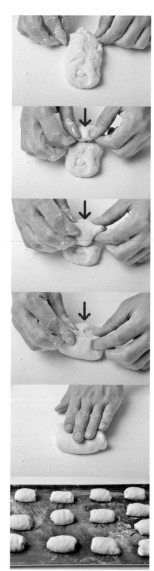

(12) 轉縱向，再由內側往中間對折3折，輕拍稍平整，稍微滾動整理麵團成橢圓狀，中間發酵25分鐘。

整型、最後發酵

〈星花表皮〉

(13) 表皮的原色紋麵團（250g）、紅色紋麵團（100g）分別延壓平整成相同大小片狀。將原色紋麵團表面噴上水霧，疊放上紅色紋麵團，再延壓擀平成厚度5mm。

⚠ 兩色麵團疊合時，可在表面稍噴水霧幫助麵團的貼合。

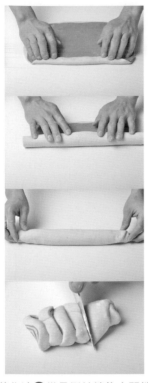

(14) 將作法⑬從長側前端往中間捲起到底成圓柱狀。再分切成厚度8mm圓形花紋片。

(15) 將花紋底麵團（300g）輕拍稍平整後，擀壓成片狀，表面噴上水霧。

(16) 將圓形花紋片整齊排列在作法⑮表面，冷藏鬆弛30分鐘，再延壓擀平成厚度3mm。

(17) 將星花形膠片鋪放作法⑯表面，沿著圖樣劃切出星花圖紋，用塑膠袋包覆，冷凍鬆弛30分鐘。

〈內層〉

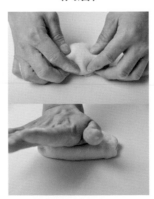

(18) 將主體麵團（80g）對折後，用手掌的根部按壓。

(19) 轉縱向，分別從內側與外側往中間折起1/3。用手指按壓折疊的接合處使其貼合。接合處密合，均勻輕拍。

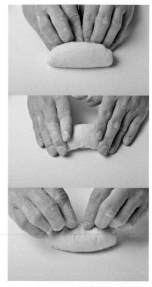

20 再由外側往內側對折，輕輕滾動兩側整成橢圓狀。捏緊收合口。

21 用毛刷沾油，沿著作法⑰星花背面的邊緣薄刷上油。

22 將5個橢圓狀的麵團為組（收口朝上），黏貼排列在星花麵皮上。

23 將作法㉒（反面朝上）放置折凹槽的發酵布上，最後發酵約50分鐘，再移放置烤焙紙上（正面朝上），表面噴上水霧，鋪放圖紋紙形，篩撒裸麥粉。

24 用擀麵棍在中心處按壓出凹孔圓槽。

烘烤

25 放入烤箱，以上火220℃／下火210℃，入爐後開蒸氣3秒，烘烤30分鐘即可。

⚠ 質地樸實的歐風麵包，品嚐時除了直接切片分食之外；烤過後切成片沾佐蜂蜜搭配食用，別有風味。

黑爵莓果蓓麗

使用法國老麵，以及由葡萄的天然酵母慢慢
發酵製成的麵團。內層麵團經由長時發酵產
生的豐富口味，加上濃醇可可與莓果酸甜香
氣，口感滋味豐富；輕薄外皮在烘烤後，綻
裂成宛如花瓣的外形，相當有型。

份量 6個

結構層次

1 玉米碎粒
2 可可麵皮
3 雙色麵皮
4 裸麥麵團

材料

麵團

麵團	份量	配方
Ⓐ 法國粉	1000g	100%
麥芽精	3g	0.3%
岩鹽	21g	2.1%
新鮮酵母	12g	1.2%
葡萄酵種 (P25)	200g	20%
法國老麵 (P26)	100g	10%
水	680g	68%
Ⓑ 水滴巧克力	127g	12.7%
覆盆子果乾	63g	6.3%

頂部可可麵團

原味麵團	300g
可可粉	33g
水	21g

雙色外皮麵團

原味麵團	420g
可可粉	9g
水	18g

製作工序

攪拌麵團

所有材料Ⓐ慢速攪拌成光滑麵團8分筋,分割成300g、420g,其餘加入材料Ⓑ攪拌均勻,終溫24℃。另將頂部麵團(300g)加入其他材料拌勻,延壓成厚約3mm,冷凍。

↓

基本發酵、翻麵排氣

40分鐘,壓平排氣、翻麵40分鐘。

↓

分割

巧克力麵團240g,外皮70g,折疊滾圓。

↓

中間發酵

25分鐘。

↓

整型

巧克力麵團折疊成圓球狀;外皮擀圓刷油,包覆整型成圓球形。

↓

最後發酵

50分鐘。切割刀口。

↓

烘烤

蒸氣1次。烤28分鐘(210℃／200℃)。

作法

攪拌麵團

01 將所有材料Ⓐ(酵母除外)慢速攪拌混合均勻。

延展薄膜狀態

02 加入剝碎的新鮮酵母攪拌混合至完全擴展(8分筋)。

③ 將麵團切取出原味麵團（300g）、（420g）。再將剩下其餘麵團（1270g）加入水滴巧克力127g、覆盆子果乾63g混合拌勻，攪拌終溫24℃。

〈雙色外皮麵團〉

④ 將原味麵團420g分切成336g、84g。將麵團84g加入可可粉9g、水18g攪拌混合均勻，做成原味、可可麵團。

〈頂部可可麵團〉

⑤ 將原味麵團（300g）與可可粉33g、水21g攪拌混合均勻，延壓擀平成片狀，用塑膠袋包好冷凍備用。

⑥ 將星形膠片鋪放可可麵團表面，沿著圖形裁切星形麵皮，包覆好冷凍定型備用。

基本發酵、翻麵排氣

⑦ 整理麵團成光滑緊實圓球狀，基本發酵40分鐘。從內側、外側分別往中間折疊成3折，輕壓平整。

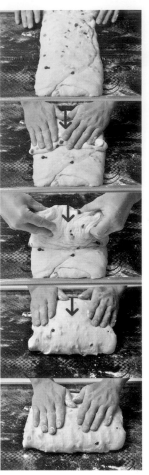

⑧ 轉向縱放，再從內側往中間折疊成3折，平整排氣，繼續發酵40分鐘。

分割、中間發酵

⑨ 將麵團分割成240g。

(10) 輕拍排出空氣後，將麵團對折滾圓、輕拍壓，轉向再對折往底部收合滾圓，中間發酵約25分鐘。

〈雙色外皮麵團〉

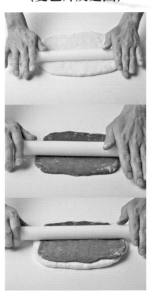

(11) 將原味、可可麵團擀成相同大小片狀，重疊放置，再延展擀壓成長片狀。

(12) 從長側前端往中間捲起到底成長棒狀，再分割成70g，中間發酵約25分鐘。

整型、最後發酵

〈頂部星形〉

(13) 用毛刷沾少許油，在作法06星形麵皮背面，沿著邊緣塗刷上橄欖油，放置在發酵帆布上。

〈內層麵團〉

(14) 用手掌輕拍麵團（240g）排出氣體、平順光滑面朝下。從內側往外側對折，輕拍均勻。

(15) 轉向縱放，再由內側往外側對折3折。

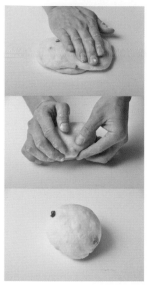

(16) 均勻輕拍後，往底部捲折收合，滾動整型成圓球狀。

〈雙色外皮〉

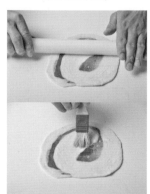

(17) 輕拍扁外皮麵團（70g）後擀壓平成圓片狀。光滑面朝下，在表面中間處薄刷少許橄欖油。

(18) 將作法❶❻麵團（收口朝上）擺放雙色外皮上，將兩側外皮稍延展的往中間拉起貼合，再將另兩側外皮往中間拉起包覆，確實捏緊收合，整型成圓球狀。

(19) 將作法❶❽麵團（收口朝上）倒放在作法❶❸頂部星形麵皮上，放置折凹槽的發酵帆布上，最後發酵50分鐘。

(20) 移置烤焙紙上（收口朝下），表面噴上水霧，鋪放上圖紋膠片，篩撒上裸麥粉、玉米碎粒，並在星形麵皮下的四側，切割4刀口。

烘烤

(21) 放入烤箱，以上火210℃／下火200℃，入爐後開蒸氣3秒，烘烤28分鐘即可。

ARTISAN BREAD 06

裸麥紅酒無花果

紅酒熬製的無花果餡，在口中徐徐擴散
出的層次隱味，就像記憶中冬天裡喝杯
溫紅酒般的暖心。麵團溫和的酸味突顯
出紅酒無花果的圓醇甜味，搭配奶油乳
酪香氣韻味十足，滋味更紮實。

份量 8個

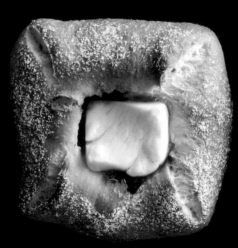
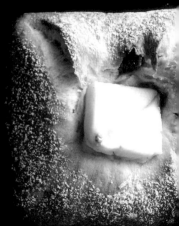

剖面結構層次

1 裸麥粉
2 紅酒無花果
3 奶油乳酪
4 裸麥麵團

裸麥種

　所有材料攪拌至6分筋，室溫發酵2小時，冷藏12-16小時。

↓

攪拌麵團

　所有材料慢速攪拌成光滑麵團8分筋，終溫24℃。

↓

基本發酵、翻麵排氣

　45分鐘，壓平排氣、翻麵45分鐘。

↓

分割

　100g，折疊滾圓。

↓

中間發酵

　25分鐘。

↓

整型

　整圓壓扁，鋪放紅酒無花果，再將四邊朝中間折疊，稍按壓。

↓

最後發酵

　50分鐘。凹槽處放入奶油乳酪。篩撒上T85裸麥麵粉。

↓

烘烤

蒸氣1次，烤15分鐘（210℃／200℃）。

材料

裸麥種	份量	配方
T85裸麥麵粉	125g	25%
法國粉	62.5g	12.5%
葡萄酵種（P25）	125g	25%
水	85g	17%

主麵團	份量	配方
法國粉	150g	30%
蜂蜜	25g	5%
新鮮酵母	3g	0.6%
水	95g	19%
岩鹽	9g	1.8%
法國老麵（P26）	170g	34%

紅酒無花果

無花果	200g
細砂糖	70g
紅酒	80g
水	80g
黑胡椒粒	0.8g
肉桂棒	1/4支
月桂葉	1片

內餡用（每份10g）

奶油乳酪	80g

作法

紅酒無花果

01 將無花果每顆分切成4小瓣，與其他所有材料小火慢煮至收汁，無花果軟化、入味，待冷卻備用。

攪拌麵團

02 麵團的攪拌製作同P123-127「蜂香花冠裸麥鄉村」作法1-3，攪拌至完全擴展（8分筋），攪拌終溫24℃。

基本發酵、翻麵排氣

03 將麵團折疊收合成光滑緊實圓球狀，基本發酵45分鐘。

04 從內側、外側分別往中間折疊成3折，輕壓平整。

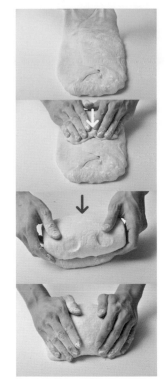

05 轉向縱放，再從內側往中間折疊成3折，平整排氣，繼續發酵45分鐘。

分割、中間發酵

06 將麵團分割成100g，輕拍排出空氣，分別將麵團對折、轉向再對折。

07 往底部收合滾圓，中間發酵約
25分鐘。

整型、最後發酵

08 將麵團由兩側往底部稍收合滾
圓後，輕拍麵團排出氣體、平
順光滑面朝下。

09 將切成4瓣的紅酒無花果放在
中間的四邊，分別將左右、前
後的麵皮往中間拉折起覆蓋，
壓緊密合接口處。

10 用手指按壓接口處形成凹槽，
最後發酵約50分鐘。

11 將凹槽處稍按壓後，放入切成
方塊的奶油乳酪（約10g）。

12 將方形紙型鋪放中間，篩撒上
T85裸麥麵粉即可。

烘烤

13 放入烤箱，以上火210℃／
下火200℃，入爐後開蒸氣3
秒，烘烤15分鐘即可。

農夫堅果麵包

麵團溫和的酸味突顯出杏桃乾的甜味，一款具重量感又帶咬勁的農村麵包。葡萄菌水的酸味與果乾的芳香融合，散發清爽的芳香甜味，在麵團中加入後加的葡萄菌水，展現柔軟、風味深邃的口感。

份量 5個

剖面結構層次

1 裸麥粉
2 農夫全麥麵團
3 杏桃堅果

材料

麵團	份量	配方
Ⓐ T85裸麥麵粉 . 100g		10%
全麥粉............ 200g		20%
法國粉............ 700g		70%
麥芽精................ 3g		0.3%
新鮮酵母............ 2g		0.2%
法國老麵（P26）		
.... 200g		20%
橄欖油.............. 10g		1%
水 720g		72%
後加葡萄菌水（P24）		
.... 100g		10%
Ⓑ 核桃 150g		15%
夏威夷豆........ 150g		15%
杏桃乾............ 200g		20%

製作工序

攪拌麵團

材料Ⓐ（酵母、葡萄菌水除外）攪拌均勻，加入酵母攪拌均勻，再加入葡萄菌水攪拌至8分筋，加入果乾拌勻，終溫22℃。

↓

基本發酵

30分鐘。

↓

分割

麵團500g，折疊收合滾圓。

↓

中間發酵

25分鐘。

↓

整型

折疊成橄欖狀。

↓

最後發酵

冷藏（4℃）發酵12-16小時。
篩粉，再抹上裸麥粉，劃刀。

↓

烘烤

蒸氣1次。
烤30分鐘（230℃／210℃）。

作法

攪拌麵團

01 將所有材料Ⓐ（酵母、後加葡萄菌水除外）以慢速攪拌混合均勻至無粉粒。

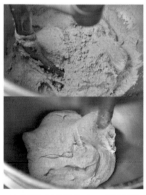

02 加入剝散的新鮮酵母攪拌混合後。

03 分幾次加入後加葡萄菌水繼續攪拌均勻至光滑、具良好延展性的麵團（8分筋）。

04 最後再加入材料Ⓑ混合拌勻，攪拌終溫22℃。

❗ 添加適量的橄欖油可讓麵包有良好的適口性。

基本發酵

05 整合輕拍壓麵團，基本發酵30分鐘。

分割、中間發酵

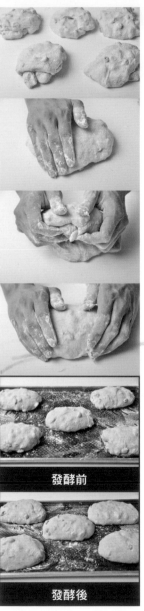

發酵前

發酵後

06 將麵團分割成500g，輕拍排出空氣，將麵團對折、轉向再對折往底部收合成橢圓狀，中間發酵約25分鐘。

07　將麵團由內側往外側對折，均勻輕拍按壓麵團。

08　轉縱向，從內側往中間折起，稍按壓接合處使其貼合。

09　再由外側往中間折起，稍按壓接合處。

10　用手指按壓折疊的接合處使其貼合。用手掌的根部按壓接合處密合，均勻輕拍。

11　再從外側對折按壓密合，收合於底，滾動搓揉兩端整成橢圓狀，收緊密合接合口。

12　將麵團收口朝上，放置折凹槽的發酵布上，冷藏（4℃）最後發酵約12-16小時。

13　將麵團（收口朝下）移放置烤焙紙上，表面噴上水霧、篩撒上裸麥粉後，再均勻抹上裸麥粉，用小刀斜劃5刀紋（表面再抹上裸麥粉是為了營造出傳統農夫麵包的粗獷質感）。

烘烤

14　放入烤箱，以上火230℃／下火210℃，入爐後開蒸氣3秒，烘烤30分鐘即可。

ARTISAN BREAD 08

西西里柚香鳳梨

以鮮甜、繽紛的水果用料，營造出別有
的感官享受。鬆軟的麵包表層，鑲嵌著
帶有菊花香氣的蜜香鳳梨、酸甜葡萄
柚，特意切成長條形造型，營造出視覺
的特色，淡淡的酸甜風味洋溢著歐式風
的清爽滋味，很適合作為下午茶麵包。

| 份量 | 2盤 |
| 模型 | SN1063（烤盤，660×460×30mm） |

剖面結構層次

1 糖漬鳳梨
2 新鮮葡萄／糖漬葡萄柚
3 夏威夷豆
4 佛卡夏麵團

麵團	份量	配方
法國粉	480g	80%
T85裸麥麵粉	120g	20%
蜂蜜	18g	3%
岩鹽	10g	1.7%
麥芽精	3g	0.5%
新鮮酵母	7g	1.2%
葡萄酵種（P25）	120g	20%
水	318g	53%
橄欖油	24g	4%
葡萄菌水（P24）	132g	22%
後加水	30g	5%

糖漬鳳梨片

新鮮鳳梨	360g
水	200g
細砂糖	60g
乾燥菊花	4g
檸檬汁	6g

糖漬葡萄柚

葡萄柚果肉	200g
細砂糖	40g

製作工序

攪拌麵團

材料（酵母、橄欖油、後加水除外）慢速攪拌混合，加入新鮮酵母混合攪拌至1分筋，再加入橄欖油、後加水攪拌至8分筋，終溫23℃。

↓

基本發酵、冷藏鬆弛

30分鐘。冷藏鬆弛1晚。

↓

分割

麵團600g，折疊收合滾圓。

↓

整型

烤盤塗刷橄欖油。
麵團折疊成四方形，放入烤盤，鋪放糖漬鳳梨片、糖漬葡萄柚。

↓

最後發酵

60分鐘。

↓

烘烤

蒸氣1次。
烤22分鐘（240℃／220℃）。

準備模型

01　使用的模型為SN1063，使用前須噴上烤盤油。

糖漬鳳梨片

02　新鮮鳳梨切成片狀。用圓形模框壓出中空片狀。

03　將鳳梨片與其他所有材料，小火熬煮至果肉軟化、入味，待冷卻後使用。

糖漬葡萄柚

04　將葡萄柚果肉、細砂糖混合拌勻待糖融化滲透果肉。

─────

❗ 也可以用新鮮葡萄來代替使用。

攪拌麵團

05　將所有材料（酵母、油、後加水除外）以慢速攪拌混勻。

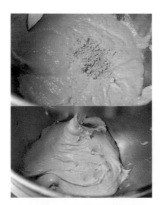

06　加入剝散的新鮮酵母攪拌混合後。

分割、中間發酵

麵團延展薄膜狀態

07　再加入橄欖油、後加水繼續攪拌均勻至光滑、具良好延展性的麵團（8分筋），攪拌終溫23℃。

─────

❗ 添加適量的橄欖油可讓麵包有良好的適口性。

基本發酵、冷藏鬆弛

08　整合輕拍壓麵團，基本發酵30分鐘。再移置冷藏鬆弛1晚約12-18小時。

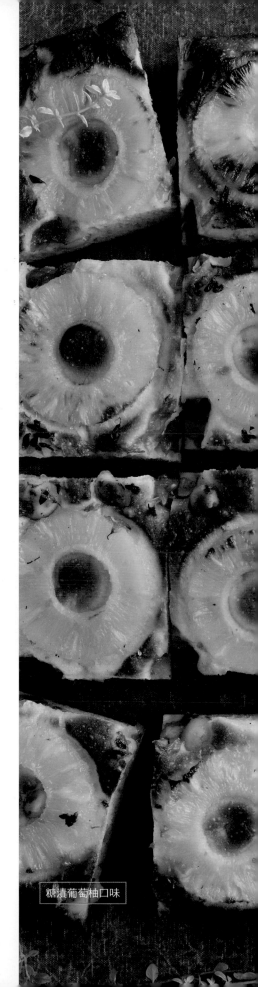

分割

09 將麵團分割成600g。

整型、最後發酵

10 將烤盤均勻塗刷橄欖油。

11 將麵團輕拍排出氣體後放入烤盤中,利用手指按壓的方式由中間朝四周按壓延展成四方狀(表面分布均勻小凹洞),最後發酵60分鐘。

⚠️ 用手指在表面按壓出孔同有排氣的作用,可避免麵團受熱膨脹導致不平均的狀況。

12 在表面均勻塗刷橄欖油,平均鋪放糖漬鳳梨片,間隔相間處擺放上糖漬葡萄柚,再撒放上生的夏威夷豆(稍往下按壓固定)。

⚠️ 夏威夷豆富含油脂,使用前可稍泡水減低表面油分,可避免烤過焦。

烘烤

13 放入烤箱,以上火240℃/下火220℃,入爐後開蒸氣3秒,烘烤22分鐘即可。

糖漬葡萄柚口味

04

創意無極限的

可頌、丹麥

CROISSANT
DANISH PASTRY

可頌、丹麥有別於其他種類的麵包,以同時擁有多層酥脆的口感及鬆軟的麵團為特色。可頌與丹麥都是將奶油折入麵團中,或用反折法將奶油反折包覆麵團,經以反覆的折疊擀壓成數層,其口感會因麵團的性質、奶油的份量及折疊的次數而有所不同。講究富層次的口感,隨著搭配的內餡,會激盪出不同的迷人滋味。書中介紹的可頌,是口感更加酥脆嚼勁,以奶油反折麵團的反折法(油包皮)。

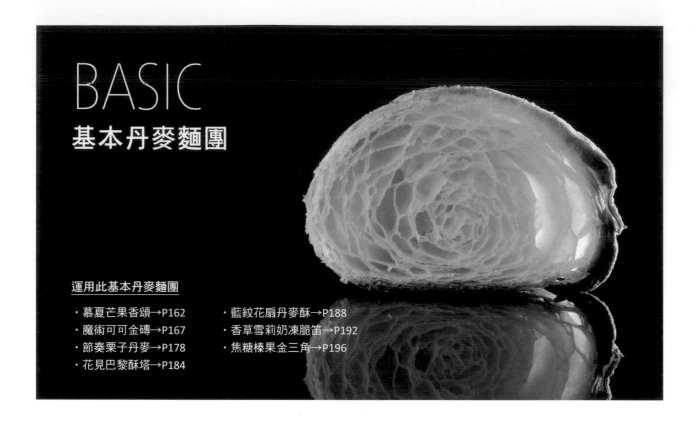

BASIC
基本丹麥麵團

運用此基本丹麥麵團

·慕夏芒果香頌→P162 ·藍紋花扇丹麥酥→P188
·魔術可可金磚→P167 ·香草雪莉奶凍脆笛→P192
·節奏栗子丹麥→P178 ·焦糖榛果金三角→P196
·花見巴黎酥塔→P184

材料

麵團	份量	配方
Ⓐ 法國粉	250g	100%
細砂糖	25g	10%
岩鹽	5g	2%
麥芽精	2g	0.5%
新鮮酵母	12g	4.5%
水	115g	46%
無鹽奶油	20g	8%
Ⓑ 折疊裹入油	130g	52%

作法

攪拌麵團

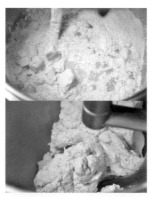

01　將所有材料Ⓐ（新鮮酵母除外）慢速攪拌混合均勻。

延展薄膜狀態

02　加入剝碎的新鮮酵母攪拌混勻至成光滑（7-8分筋），攪拌終溫24℃。

基本發酵

(03) 將麵團對折收合於底，輕拍均勻，往底部收合滾圓，室溫基本發酵約30分鐘。

冷藏鬆弛

(04) 用手拍壓麵團將氣體排出，壓平整成長方狀，用塑膠袋包覆，冷藏（4℃）鬆弛1晚約12-18小時。

包裹入油

(05) 將裹入油擀平，平整至成軟硬度與麵團相同的長方狀。將麵團延壓薄成長方片，寬度相同，長度為裹入油的2倍長。

! 奶油在開始進行裹入油工序的30分鐘前，再由冷藏取出，使其能與麵團有相同的軟硬度。

(06) 將裹入油擺放麵團中間（左右兩側麵團長度相同），用擀麵棍在裹入油的兩側邊稍按壓出凹槽。

! 在奶油側邊壓出凹槽會較好折疊；若直接折疊容易造成側邊的麵團較厚。

(07) 將左右兩側麵團朝中間折疊，包覆住裹入油，並將接口處稍捏緊密合（折疊的麵皮兩側盡量不重疊）。

! 上下兩側不要捏緊，只要還能夠看見奶油，奶油在延展時就會平均布滿麵團。

(08) 在折疊的兩側邊用刀直劃出刀口，用擀麵棍平均按壓全體，翻面後再平均稍擀平。

! 在麵團兩側切劃刀口，可讓包覆油脂的麵團能更容易的往兩側平均延展。

! 平均按壓可讓奶油與麵團能緊密貼合，避免麵團與油脂錯開分離。

折疊（3折2次）

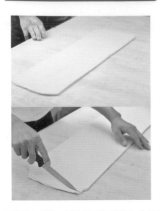

09　用壓麵機延壓平整薄至成厚6mm的長片狀，切除兩側邊。

━━━━━〜━━━━━

❗ 折疊時邊端須先對齊，這樣才能折出整齊的麵團。

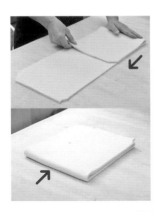

10　將右側1/3向內折疊，再將左側1/3向內折疊，折疊成型，折疊成3折（3折1次）。

━━━━━〜━━━━━

❗ 延展或折疊的過程中，可視實際情況適時地撒上手粉、或噴水霧的處理。

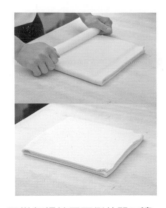

11　用擀麵棍按壓兩側的開口邊，讓奶油與麵團緊密貼合，用塑膠袋包覆，冷凍鬆弛30分鐘。

12　將麵團延壓平整薄成長片狀。將右側1/3向內折疊，再將左側1/3向內折疊，折疊成3折（3折2次）。

━━━━━〜━━━━━

❗ 壓平過程中，需要不時用手從麵團的下方拿起稍做鬆弛，使其自然收縮，可以避免延展後造成的腰身現象（不同寬度，有寬、有窄）。

13　用擀麵棍按壓兩側的開口邊，讓奶油與麵團緊密貼合，用塑膠袋包覆，冷凍鬆弛30分鐘。

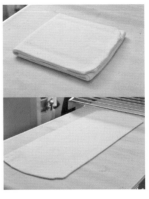

14　即可進行整型前的延壓，將麵團延壓平整、展開，就寬度、長度、厚度使用。

手擀裏入用奶油

① 將冷藏的奶油切成相同的厚度，放入塑膠袋中，開始時先用擀麵棍按壓，再用擀麵棍反覆敲打、折疊使其柔軟，重複折疊、敲打操作約3次。

② 再由中心往四邊擀壓將其延展開至厚度均勻，用塑膠袋包覆、冰硬。

CROISSANT 01

18層逆折可頌

不同麵團包覆奶油的方式，以獨特反折
奶油的方式來包裹麵團（油包皮），能
讓表皮更加的酥脆，麵包體的化口性更
佳。層層重疊的內部溫潤綿密具奶油香
氣，更加Q彈厚實，更能品嚐到奶油的
濃郁風味。

份量 8個

剖面結構層次
1 全蛋液
2 油包皮可頌麵團

材料

主麵團

	份量	配方
Ⓐ 法國粉..........	233g	70%
細砂糖..............	28g	8.5%
岩鹽	5g	1.7%
奶粉	13g	4%
麥芽精..............	1g	0.3%
新鮮酵母..........	12g	3.5%
牛奶	66g	20%
全蛋	20g	6%
水	23g	7%
法國老麵 (P26)	170g	51%
無鹽奶油..........	13g	4%
Ⓑ 折疊裹入油	175g	52%

製作工序

攪拌麵團

　所有材料慢速攪拌成團光滑至8
　分筋，終溫23℃。

基本發酵

　麵團，滾圓，40分鐘。

冷藏鬆弛

　麵團壓平，冷藏1晚。

折疊裹入

　油包裹麵團。
　折疊。3折1次，2折1次，3折1
　次，冷凍鬆弛30分鐘。

分割、整型

　延壓至3.5mm，裁切成9×27cm
　（約60g）三角狀，鬆弛30分鐘，
　整型成直型可頌，刷全蛋液。

最後發酵

　室溫鬆弛40分鐘，解凍回溫。
　50分（發酵箱28℃，75%）。放置
　室溫乾燥5分鐘，刷全蛋液。

烘烤

16分鐘（200℃／180℃）。

作法

攪拌麵團

01　將所有材料Ⓐ（新鮮酵母除
　　外）慢速攪拌混合均勻。

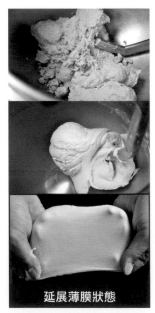

延展薄膜狀態

02　加入剝碎的新鮮酵母攪拌混均
　　勻至成麵團光滑（8分筋），
　　攪拌終溫23℃。

基本發酵

(03) 將麵團對折，轉向再對折，輕拍均勻，往底部收合滾圓，室溫基本發酵約40分鐘。

冷藏鬆弛

(04) 用手拍壓麵團將氣體排出，壓平整成長方狀，用塑膠袋包覆，冷藏（4℃）鬆弛1晚約12-16小時。

包裹入油（油包皮）、折疊

(05) 將裹入油（175g）擀平，平整至成軟硬度與麵團相同的長方狀。將裹入油延壓薄成長方片，寬度相同，長度為麵團的2/3倍長。

(06) 將麵團對齊裹入油的側邊擺放（對齊一側邊約占2/3，另一側約為1/3），並用擀麵棍在對齊側邊稍按壓固定。

(07) 將左側1/3裹入油朝中間折疊包覆麵團。並用擀麵棍平均按壓全體壓平密合。

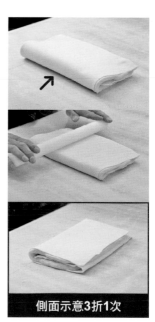

側面示意**3折1**次

(08) 再朝同方向折疊1/3。並用麵棍平均按壓全體壓平密合。

❗ 平均按壓可讓奶油與麵團能緊密貼合，避免麵團與油脂錯開分離。

(13) 將麵團延壓平整、展開，先就麵團寬度壓至成寬29cm。轉向再延壓平整出長度、厚度3.5mm，用塑膠袋包覆，冷凍鬆弛30分鐘。

(09) 用壓麵機延壓平整薄至成厚8mm。將麵團對折成型（2折1次）。

❗ 折疊時邊端須先對齊，這樣才能折出整齊的麵團。

(11) 轉向，將麵團延壓平整薄成長片狀。將右側1/3向內折疊，再將左側1/3向內折疊，折疊成3折（3折2次）。

❗ 將麵團從冷凍取出時可按壓四邊角確認軟硬度，太硬時壓容易讓邊緣出現斷裂現象。

分割、整型、最後發酵

(14) 用直尺量測標記出底邊9cm×高27cm（厚3.5mm）等腰三角形記號。

(10) 用擀麵棍按壓兩側的開口邊，讓奶油與麵團緊密貼合，用塑膠袋包覆，冷凍鬆弛30分鐘。

❗ 將麵團冷凍鬆弛，讓因折疊而緊縮的麩質能變得鬆弛，若沒能延展的麵團有足夠的鬆弛冷卻，麵團會容易有斷裂的現象。

(12) 用擀麵棍按壓兩側的開口邊，讓奶油與麵團緊密貼合，用塑膠袋包覆，冷凍鬆弛30分鐘。

(15) 將左右側邊切除，裁切成9cm×27cm三角形（約60g），覆蓋塑膠袋冷藏鬆弛30分鐘。

❗ 可頌的重點在於折疊的層次感，所以在分割、成形要注意避免接觸切口斷面。

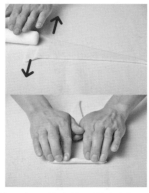

16　將三角片的底邊用擀麵棍向兩側稍延壓擀開（幫助黏合），再從延壓開的底邊輕輕捲起。

⚠ 底部的麵皮稍擀薄，捲折後的中心部分不會太厚，較容易熟透。

17　用一隻手稍微提拉尖端處，另一手用手掌處推移捲動2-3折後（左右要對稱）順勢捲起到底，成直型可頌，捲好後固定頂點位置。

⚠ 捲製整型時力道控制在有適度的張力即可，如果捲得過緊，烘烤時就無法膨脹起來。

18　將尾端朝下，等間距排列放置烤盤上，朝著兩尖側端的方向薄刷全蛋液，放置室溫40分鐘，待解凍回溫。

⚠ 塗刷蛋液時與兩側端呈同方向的塗刷，較不會塗刷到麵團折層的地方。

19　再放入發酵箱，最後發酵50分鐘（溫度28℃，濕度75%），放置室溫乾燥5分鐘，表面再薄刷全蛋液。

⚠ 用毛刷塗刷蛋液時，注意不要將蛋液塗到麵團切口，否則會破壞麵團的折層。

20　放入烤箱，以上火200℃／下火180℃，烤約16分鐘即可，待冷卻。

DANISH PASTRY 02

慕夏芒果香頌

盛夏芒果為主要風味，淋上百香果果醬加強酸甜風味，讓風味層次更加突顯。在折疊的過程中加入紅色麵皮，組合縱切的方式來編織麵包體，表面堆疊入高聳的芒果，豐富的水果色彩鮮艷，提升麵包的華麗視覺感。

| 份量 | 6個 |
| 模型 | SN6031（大圓模，94×83×35mm） |

剖面結構層次
1 開心果碎
2 芒果丁
3 杏仁餡
4 雙色丹麥麵團
5 百香果醬

材料

麵團	份量	配方
Ⓐ 法國粉............ 375g		100%
細砂糖............. 38g		10%
岩鹽 8g		2%
麥芽精............... 3g		0.5%
新鮮酵母.......... 18g		4.5%
水 173g		46%
無鹽奶油.......... 30g		8%
Ⓑ 折疊裹入油.... 130g		52%

紅色麵皮

原味麵團 200g
紅色梔子花粉..........................5g

內餡

杏仁餡（P30）....................... 適量

表面用

百香果醬（P32）................... 適量
芒果丁 .... 適量
開心果碎 .... 適量

製作工序

攪拌麵團

所有材料慢速攪拌成團，加入新鮮酵母攪拌光滑至8分筋，終溫24℃。
切取原味麵團200g加人紅色梔子花粉攪拌均勻。

基本發酵

麵團425g、紅色麵團200g，滾圓，30分鐘。

冷藏鬆弛

麵團壓平，冷藏1晚。

折疊裹入

麵團包裹入油。
折疊。3折1次，放上紅色麵團，3折1次，冷凍鬆弛30分鐘。

分割、整型

縱切排列，延壓至4mm，切成30×3cm，鬆弛30分鐘。
從中間處切劃成2條，冷藏鬆弛5分鐘，編結成麻花狀，鋪圍模型邊，底部鋪放圓形麵團，中間鋪放杏仁餡。

最後發酵

室溫鬆弛30分鐘，解凍回溫。

烘烤

14分鐘（180℃／180℃）。
擠入百香果醬，鋪放芒果丁，撒上開心果碎。

作法

準備模型

① 使用的模型為SN6031。

製作麵團

② 麵團的攪拌製作同P154-156「基本丹麥麵團」作法1-2。

③ 將麵團先切取出原味麵團（200g）。再將原味麵團（200g）加入紅色梔子花粉（5g）揉和均勻，即成紅色麵團。

⚠ 麵團最好不要產生太多麩質（因此不需要過度攪拌），會讓麵團的筋性過強，而難以延展。若買不到紅色梔子花粉，也可以用甜菜根粉來取代使用。

基本發酵

④ 原味麵團（425g）、紅色麵團（200g）收合滾圓，室溫基本發酵約30分鐘。

冷藏鬆弛

⑤ 用手拍壓麵團將氣體排出，壓平整成長方狀，用塑膠袋包覆，冷藏（4℃）鬆弛1晚約12-18小時。

包裹入油

⑥ 將裹入油（130g）擀平，平整至成軟硬度與麵團相同的長方狀。將麵團（425g）延壓薄成長方片，寬度相同，長度為裹入油的2倍長。

⑦ 將裹入油擺放麵團中間（左右兩側麵團長度相同），用擀麵棍在裹入油的兩側邊稍按壓出凹槽。

⑧ 將左右兩側麵團朝中間折疊，包覆住裹入油，並將接口處稍捏緊密合（折疊的麵皮兩側盡量不重疊）。

⑨ 在折疊的兩側邊用刀直劃出刀口，用擀麵棍平均按壓全體，翻面後再平均稍擀平。

⚠ 平均按壓可讓奶油與麵團能緊密貼合，避免麵團與油脂錯開分離。

10　用壓麵機延壓平整薄至成厚6mm的長片狀，再切除兩側邊。

🔲 折疊時邊端須先對齊，這樣才能折出整齊的麵團。

11　將右側1/3向內折疊，再將左側1/3向內折疊，折疊成型，折疊成3折（3折1次）。

🔲 延展或折疊的過程中，可視實際情況適時地撒上手粉、或噴水霧的處理。

12　將紅色麵團延壓成與折疊麵團相同大小，並覆蓋在折疊麵團上，沿著四邊稍黏貼收合，用塑膠袋包覆，冷凍鬆弛30分鐘。

13　將麵團延壓平整薄成厚6mm長片狀。將右側1/3向內折疊，再將左側1/3向內折疊，折疊成3折（3折2次）。

14　用擀麵棍按壓兩側的開口邊，讓奶油與麵團緊密貼合，用塑膠袋包覆，冷凍鬆弛30分鐘。

🔲 冷凍鬆弛可讓麵團較安定，較不會產生縮小或破裂的情況。

15　將麵團縱切成厚5mm長條狀。

16　將切口斷面朝上整齊排列後再延壓平整、展開，先就寬度壓至成寬30cm。轉向延壓平整出長度、厚度4mm，用塑膠袋包覆，冷凍鬆弛30分鐘。

分割

(17) 將麵團先對折後（對折較好裁切）裁切長30cm×寬2cm（厚4mm）長條狀。

(18) 用圓形模框在麵皮上壓切出圓形片（厚4mm×直徑7cm），覆蓋塑膠袋冷藏鬆弛5分鐘。

整型、最後發酵

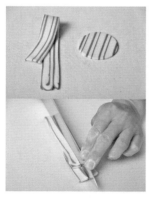

(19) 長條及圓形片為組，將長條麵皮從中間切割開成2細長條（約40g）。

(20) 以斷面朝上交叉重疊成X形，再以編辮的方式將兩邊編結到底，收合於底部，編結成麻花狀，稍壓平整型。

(21) 將圓形片先鋪放圓模中，再將麻花結沿著模型邊圍放，並稍按壓貼合模邊。

(22) 中間再放入杏仁餡（約30g），輕輕延展沿及貼緊模邊，放室溫靜置30分鐘，待解凍回溫。

烘烤、裝飾

(23) 放入烤箱，以上火180℃／下火180℃，烤約14分鐘即可。

(24) 用毛刷在編結的花邊塗刷糖水，並在中間擠入百香果醬。

(25) 再鋪放新鮮芒果丁，擠入適量百香果醬，用開心果碎點綴。

糖水

材料

| 細砂糖 | 135g |
| 水 | 100g |

作法

將所有材料加熱煮沸，待冷卻即可使用。

DANISH PASTRY 03

魔術可可金磚

份量 10個
模型 SN2179（60×60×60mm）

以4折2的工整疊層，將原味麵皮與可可折疊麵團，擀壓捲製出漸層的美麗紋理，就跟名稱一樣「Magic」的美味驚喜。濃醇奶香的酥菠蘿，外酥脆內柔軟的麵包體，苦甜而不膩的巧克力餡，加上果乾的酸甜平衡口感，感受得到可可金磚的濃情與蜜意，搭配咖啡的最佳點心。

剖面結構層次

1 金箔、榛果粒
2 酥菠蘿
3 巧克力餡
4 酸櫻桃乾
5 雙色可可丹麥麵團

| 材料 |

麵團	份量	配方
Ⓐ 高筋麵粉 325g	100%
細砂糖 33g	10%
岩鹽 7g	2%
新鮮酵母 15g	4.5%
麥芽精 2g	0.5%
水 150g	46%
Ⓑ 無鹽奶油 26g	8%
Ⓒ 可可粉 35g	
水 35g	
無鹽奶油 18g	
Ⓓ 折疊裹入油 130g	52%

酥菠蘿（每份17g）

Ⓐ 無鹽奶油 80g
細砂糖 80g
高筋麵粉 100g
Ⓑ 烤熟榛果碎 56g

內餡、裝飾用（每份）

巧克力餡（P178） 15g
酸櫻桃乾 .... 適量
烤熟榛果粒 .... 適量
金箔 .... 適量

| 製作工序 |

攪拌麵團

所有材料慢速攪拌成團，加入新鮮酵母攪拌光滑至8分筋，終溫24℃。
切取出原味麵團（120g），其餘加入可可粉、水、奶油攪拌均勻，做成可可麵團。

基本發酵

可可麵團425g、原味麵團120g，滾圓，30分鐘。

冷藏鬆弛

麵團壓平，冷藏鬆弛1晚。

折疊裹入

麵團包裹入油。
折疊。4折2次，覆蓋原味麵皮，冷凍鬆弛30分鐘。

分割、整型

延壓至3mm，捲成圓筒狀，切成4.5cm（55g）塊狀，切成4小段底部接黏一起包入巧克力餡與酸櫻桃乾。
方型模中，先放入酥菠蘿，最後放入麵團，稍壓平。

最後發酵

60分鐘。蓋上模蓋。

烘烤、裝飾

20分鐘（170℃／190℃）。
用烤熟榛果粒、金箔點綴。

作法

準備模型

(01) 使用的模型為SN2179，使用前須噴上烤盤油。

表層

(02) 將室溫軟化的奶油、細砂糖攪拌至糖融化顏色變白，加入過篩的高筋麵粉攪拌混勻，用塑膠袋包覆，冷藏待變硬，用細篩網按壓過篩成鬆散狀的細砂粒狀。

(03) 將酥菠蘿、榛果碎混合拌勻，倒入方型模中按壓平整均勻（約17g），備用。

攪拌麵團

(04) 麵團的攪拌製作同P154-156「基本丹麥麵團」作法1-2。

(05) 切取出原味麵團（120g）。其餘原味麵團（400g）加入可可粉、水、奶油攪拌混合均勻，即成可可麵團。

基本發酵

(06) 將麵團對折收合於底，輕拍均勻，往底部收合滾圓，基本發酵30分鐘。

冷藏鬆弛

(07) 將可可麵團（400g）、原味麵團（120g）用手拍壓麵團將氣體排出，壓平整成長方狀，用塑膠袋包覆，冷藏（5℃）鬆弛1晚約12-18小時。

包裹入油

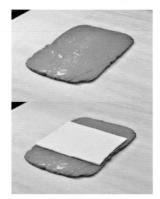

(08) 將裹入油（130g）擀平，平整至成軟硬度與麵團相同的長方狀。將可可麵團（400g）延壓薄成長方片，寬度相同，長度為裹入油的2倍長。

(09) 將裹入油擺放麵團中間（左右兩側麵團長度相同），用擀麵棍在裹入油的兩側邊稍按壓出凹槽。

(10) 將左右兩側麵團朝中間折疊，包覆住裹入油，並將接口處稍捏緊密合（折疊的麵皮兩側盡量不重疊）。

(11) 在折疊的兩側邊用刀直割出刀口，用擀麵棍平均按壓全體，翻面後再平均稍擀平。

折疊（4折2次）

(12) 用壓麵機延壓平整薄至成厚5mm長片狀，切除兩側邊，將右側3/4向內折疊，再將左側1/4向內折疊，折疊成型。

(13) 再對折，折疊成4折（4折1次）。

(14) 用擀麵棍按壓兩側的開口邊，讓奶油與麵團緊密貼合，用塑膠袋包覆，冷凍鬆弛30分鐘。

(15) 將麵團延壓平整薄成長片狀。將右側3/4向內折疊，再將左側1/4向內折疊，折疊成型，再對折，折疊成4折（4折2次）。

(16) 將原味麵團（120g）擀成同折疊麵團大小，覆蓋在折疊麵團的表面，用塑膠袋包覆，冷凍鬆弛30分鐘。

(17) 麵團延壓平整出長度24cm、厚度3mm。

分割、整型、最後發酵

(18) 將麵團整片攤展開，從長側的前端往中間順勢捲起底至底，成圓筒狀，用塑膠袋包覆冷藏鬆弛10分鐘。

(19) 將麵團分切成4.5cm小段（約55g）後，每小段再分切4等份。

(20) 將分切好的小圓片稍擀壓後，4片1組，中心處稍接黏重疊的排列成十字狀。

(21) 在中心處擠入巧克力餡（約15g），放入酸櫻桃乾。

❗ 酸櫻桃乾也可用巴芮可可脆片4g、柑橘丁10g來變化，與巧克力餡也很對味。

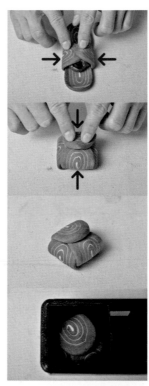

(22) 將麵皮上下、左右對稱的折疊包覆住內餡，整型成方塊狀，與模型呈對角90度交錯的方式放入鋪好作法⑬的模型中，稍微壓平整。

(23) 放置室溫30分鐘，待解凍回溫。再放入發酵箱，最後發酵60分鐘（溫度28℃，濕度75%），蓋上模蓋。

(24) 放入烤箱，上火170℃／下火190℃，烤約20分鐘，出爐，連同模型震敲後脫模。

(25) 表面用烤熟的榛果粒與金箔點綴即可（或撒上少許海鹽）。

美味延伸
焦糖海鹽榛果餡

材料

細砂糖	100g
動物性鮮奶油	70g
榛果碎	120g
無鹽奶油	10g
鹽の花	2g

作法

① 榛果碎以上火150℃／下火150℃烤約8分鐘至微金黃上色，待冷卻，打成碎粒。

② 將細砂糖、海鹽加熱煮至焦化，加入鮮奶油煮至沸騰，加入奶油拌勻，再加入烤過的榛果碎混合拌勻。

③ 趁熱，倒入方型模中（約17g）平整均勻，備用。

❗ 表層的酥菠蘿皮層也可用焦糖海鹽榛果餡來變化不同的層次口感。

DANISH PASTRY 04

潘朵洛黃金丹麥

源於義大利黃金麵包的概念發想。傳統的黃金
麵包,以如蛋糕般的柔軟、金黃色澤,以及獨
特八角星形外型著稱,帶有濃郁的奶油香氣與
蛋香,內裡綿密入口即化。這裡以折疊麵團的
方式呈現,讓原本柔軟的麵包,外皮多了丹麥
麵包的酥脆口感。

| 份量 | 6個 |
| 模型 | SN6808(八角星星模) |

剖面結構層次

1 糖漬柳橙絲
2 防潮糖粉
3 丹麥麵團
4 可可丹麥麵團

材料

麵團

麵團	份量	配方
Ⓐ 高筋麵粉	1000g	100%
細砂糖	200g	20%
岩鹽	14g	1.4%
新鮮酵母	45g	4.5%
Ⓑ 全蛋	100g	10%
蛋黃	350g	35%
牛奶	200g	20%
無糖優格	150g	15%
Ⓒ 無鹽奶油	200g	20%
Ⓓ 折疊裹入油	570g	57%

可可麵團

Ⓐ 原味麵團	500g
可可粉	33g
水	33g
無鹽奶油	20g
Ⓑ 折疊裹入油	145g

製作工序

攪拌麵團

材料Ⓐ（酵母除外）、1/3細砂糖、材料Ⓑ慢速攪拌均勻，再加入剩餘細砂糖攪拌混合，加入酵母攪拌混合至7分筋，最後加入奶油攪拌光滑至終溫24℃。
切取原味麵團（500g），加入可可粉、水、奶油攪拌混合均勻，即成可可麵團。

基本發酵

原味、可可麵團，滾圓，20分鐘。

冷藏鬆弛

麵團分別壓平，冷藏1晚。

折疊裹入

原味、可可麵團分別包裹入油。分別折疊。4折2次，冷凍鬆弛30分鐘。

分割、整型

原味麵團延壓至4.5mm，壓出4片圓形片，鬆弛30分鐘。
可可麵團延壓至2.5mm，壓出2片圓形片，鬆弛30分鐘。
原味、可可麵團從底部依序間隔堆疊入模。

最後發酵

室溫鬆弛60分鐘，解凍回溫。
40分鐘（發酵箱27℃，75%），表面壓蓋烤盤。

烘烤、裝飾

24分鐘（170℃／190℃）。
篩撒防潮糖粉，用柳橙絲點綴。

作法

準備模型

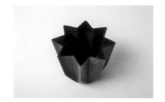

01　使用的模型為SN6808，使用前須噴上烤盤油。

攪拌麵團

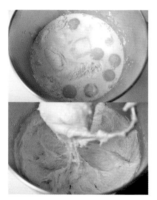

02　將所有材料Ⓐ（酵母除外）、1/3量的細砂糖、材料Ⓑ以慢速攪拌混合均勻，待麵團稍為有麵筋形成，加入其餘細砂糖攪拌混合均勻。

⚠ 為避免麵團升溫可先將冷藏類的食材冷藏後備用。

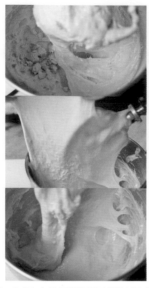

03　加入剝碎的新鮮酵母攪拌混合至7分筋。

延展薄膜狀態

04　再加入奶油攪拌混合至麵團光滑（8分筋），攪拌終溫24℃。

05　切取出原味麵團（500g）。再將原味麵團加入可可粉、水、奶油攪拌混合均勻，即成可可麵團。

基本發酵

06　將原味麵團（1700g）、可可麵團（580g）收合滾圓，室溫基本發酵約20分鐘。

冷藏鬆弛

07　用手拍壓麵團將氣體排出，壓平整成長方狀，用塑膠袋包覆，冷藏（4℃）鬆弛1晚約12-18小時。

包裹入油

〈原味折疊麵團〉

08　將裹入油（570g）擀平，平整至成軟硬度與麵團相同的長方狀。將麵團（1700g）延壓薄成長方片，寬度相同，長度為裹入油的2倍長。

09 將裹入油擺放麵團中間（左右兩側麵團長度相同），用擀麵棍在裹入油的兩側邊稍按壓出凹槽。

10 將左右兩側麵團朝中間折疊，包覆住裹入油，並將接口處稍捏緊密合（折疊的麵皮兩側盡量不重疊）。

11 在折疊的兩側邊用刀直劃出刀口，用擀麵棍平均按壓全體，翻面後再平均稍擀平。

⚠ 在麵團兩側切劃刀口，可讓包覆油脂的麵團能更容易的往兩側平均延展。

折疊（4折2次）

12 用壓麵機延壓平整薄至成厚5mm長片狀，切除兩側邊。

13 將右側3/4向內折疊，再將左側1/4向內折疊，折疊成型，再對折，折疊成4折（4折1次）。

14 用擀麵棍按壓兩側的開口邊，讓奶油與麵團緊密貼合，用塑膠袋包覆，冷凍鬆弛30分鐘。

15 將麵團延壓平整薄成長片狀。將右側3/4向內折疊，再將左側1/4向內折疊，折疊成型，再對折，折疊成4折（4折2次）。

16 用擀麵棍按壓兩側的開口邊，讓奶油與麵團緊密貼合，用塑膠袋包覆，冷凍鬆弛30分鐘。

17 將麵團延壓平整、展開，先就麵團寬度壓至成寬26cm。再轉向延壓平整出長度、厚度約45mm，用塑膠袋包覆，冷凍鬆弛30分鐘。

包裹入油、折疊

〈可可折疊麵團〉

(18) 將裹入油（145g）擀平，平整至成軟硬度與麵團相同的長方狀。將麵團（580g）延壓薄成長方片，寬度相同，長度約為裹入油的2倍長。

(19) 將裹入油擺放麵團中間（左右兩側麵團長度相同），用擀麵棍在裹入油的兩側邊稍按壓出凹槽。

(20) 將左右兩側麵團朝中間折疊，包覆住裹入油，並將接口處稍捏緊密合（折疊的麵皮兩側盡量不重疊）。

(21) 在折疊的兩側邊用刀直劃出刀口。

(22) 用擀麵棍平均按壓全體，翻面後再平均稍擀平。

❗ 平均按壓可讓奶油與麵團能緊密貼合，避免麵團與油脂錯開分離。

折疊（4折2次）

(23) 用壓麵機延壓平整薄至成厚5mm長片狀，切除兩側邊。

(24) 將右側3/4向內折疊，再將左側1/4向內折疊，折疊成型，再對折，折疊成4折（4折1次）。

(25) 用擀麵棍按壓兩側的開口邊，讓奶油與麵團緊密貼合，用塑膠袋包覆，冷凍鬆弛30分鐘。

(26) 再依法延壓平整，完成折疊4折2次操作。將麵團延壓平整、展開，先就麵團寬度壓至成寬26cm。再轉向延壓平整出長度、厚度25mm，用塑膠袋包覆，冷凍鬆弛30分鐘。

㉗ 用圓形模框（直徑6cm），將原味丹麥麵團壓切出4片圓形片。可可丹麥麵團壓切出2片圓形片，覆蓋塑膠袋冷藏鬆弛5分鐘。

㉘ 八角星型模中，由底而上依序鋪放原味圓形片（2片）、可可圓形片（1片），再依次重複相間的擺放入原味圓形片（1片）、可可圓形片（1片）、原味圓形片（1片），並稍按壓貼合，放室溫60分鐘，待解凍回溫。

❗ 由底而上的圓形麵皮依次為，原味2片－可可1片－原味1片－可可1片－原味1片。

㉙ 放入發酵箱，最後發酵40分鐘（溫度27℃，濕度75％）至約8分滿。表面覆蓋一張烤盤紙，再壓蓋上一塊鐵盤。

㉚ 放入烤箱，以上火170℃／下火190℃，烤約24分鐘即可，脫模，待冷卻。

㉛ 用細濾網在表面篩撒上糖粉、用糖漬柳橙點綴。

DANISH PASTRY 05
節奏栗子丹麥

在層層折疊的麵團中包裹巧克力餡、栗子餡，捲折烘烤後更加呈現鬆脆、芳香無比的口感。特別添加蘭姆酒，以爽朗甜美的酒香為栗子餡增香提味，香甜厚實的巧克力餡與多了層次口感的栗子餡，交織展演出更加深邃的協調風味。

| 份量 | 6個 |
| 模型 | SN3583（U型麵包模，245×40×40mm） |

剖面結構層次
1 巧克力飾片
2 金粉
3 栗子餡
4 巧克力餡
5 雙色丹麥麵團

材料

麵團

麵團	份量	配方
Ⓐ 法國粉	450g	100%
細砂糖	45g	10%
岩鹽	9g	2%
麥芽精	3g	0.5%
新鮮酵母	20g	4.5%
水	207g	46%
無鹽奶油	36g	8%
Ⓑ 折疊裹入油	130g	52%

表皮麵團

Ⓐ 原味麵團		210g
折疊裹入油		65g
Ⓑ 原味麵團		100g
可可粉		10g
水		10g
無鹽奶油		10g

栗子餡

栗子粒	300g
無鹽奶油	35g
蘭姆酒	4g

巧克力餡

52%巧克力	150g
70%巧克力	50g
無鹽奶油	20g

製作工序

攪拌麵團

所有材料慢速攪拌成團光滑，加入奶油攪拌光滑至8分筋，終溫24℃。
另切取出麵團（210g）、麵團（100g）。
將麵團（100g）加入可可粉、水、奶油攪拌均勻，做成可可麵團。

基本發酵

原味、可可麵團，滾圓，30分鐘。

冷藏鬆弛

麵團分別壓平，冷藏1晚。

折疊裹入

麵團（425g）包裹入油（130g）。
折疊。4折1次，3折1次，冷凍鬆弛30分鐘。
原味麵團（210g）包裹入油（65g）。
折疊。3折1次，披覆可可麵皮（100g），3折1次。

分割、整型

表皮麵團延壓至厚6mm，冷凍鬆弛30分鐘，縱切5mm。
雙色麵條鋪放折疊麵團表面，延壓成厚4.5mm片狀，冷凍鬆弛30分鐘。
裁切成長14×寬9cm長片狀（60g），包入巧克力餡、栗子餡捲成圓筒狀，放入模型中。

最後發酵

室溫鬆弛30分鐘，解凍回溫。
30分（發酵箱27℃，75%）。

烘烤、裝飾

14分鐘（180℃／180℃）。
刷金粉，用巧克力飾片點綴。

作法

準備模型

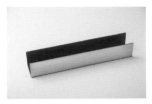

01　使用的模型為SN3583，使用前須噴上烤盤油。

栗子餡

02　將整顆栗子攪打細碎，加入奶油、蘭姆酒充分混合拌勻。

巧克力餡

03　將兩種巧克力隔水融化加入室溫軟化的奶油攪拌混合均勻。

攪拌麵團

04　麵團的攪拌製作同P154-156「基本丹麥麵團」作法1-2。

05　將攪拌好的麵團切取出原味主麵團（425g）、原味麵團（210g）、原味麵團（100g）。再將原味麵團（100g）加入可可粉、水、奶油攪拌混合均勻，即成可可麵團。

基本發酵

06　將原味麵團（425g）、原味麵團（210g）、可可麵團（100g）收合滾圓，室溫基本發酵約30分鐘。

冷藏鬆弛

07　用手拍壓麵團、可可麵團將氣體排出，壓平整成長方狀，用塑膠袋包覆，冷藏（4℃）鬆弛1晚約12-16小時。

包裹入油

〈主體折疊麵團〉

08　主體麵團（425g）包裹入油（130g）的製作同P154-156「基本丹麥麵團」作法5-8。

折疊（4折1次、3折1次）

〈主體折疊麵團〉

09　用壓麵機延壓平整薄至成厚5mm長片狀，切除兩側邊。

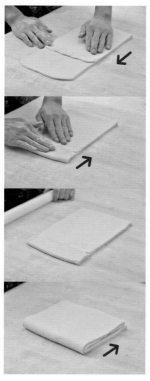

⚠️ 將麵團冷凍鬆弛，讓因折疊而緊縮的麩質能變得鬆弛，若沒能延展的麵團有足夠的鬆弛冷卻，麵團會容易有斷裂的現象。

折疊裹入

〈表皮麵團〉

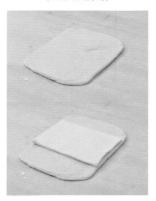

(10) 將右側3/4向內折疊，再將左側1/4向內折疊，折疊成型，再對折，折疊成4折（4折1次）。

(12) 將麵團延壓平整薄成長片狀。將右側1/3向內折疊，再將左側1/3向內折疊，折疊成3折（3折1次）。

(14) 將裹入油（65g）擀平，平整至成軟硬度與麵團相同的長方狀。將麵團（210g）延壓薄成長方片，寬度相同，長度為裹入油的2倍長。

(15) 將裹入油擺放麵團中間（左右兩側麵團長度相同），用擀麵棍在裹入油的兩側邊稍按壓出凹槽。

(11) 用擀麵棍按壓兩側的開口邊，讓奶油與麵團緊密貼合，用塑膠袋包覆，冷凍鬆弛30分鐘。

(13) 用擀麵棍按壓兩側的開口邊，讓奶油與麵團緊密貼合，用塑膠袋包覆，冷凍鬆弛30分鐘。

(16) 將左右兩側麵團朝中間折疊，包覆住裹入油，並將接口處稍捏緊密合（折疊的麵皮兩側盡量不重疊）。

(17) 在折疊的兩側邊用刀直劃出刀口,用擀麵棍平均按壓全體,翻面後再平均稍擀平。

⚠ 在麵團兩側切割刀口,可讓包覆油脂的麵團能更容易的往兩側平均延展。

折疊(3折2次)

〈表皮折疊麵團〉

(18) 用壓麵機延壓平整薄至成厚6mm長片狀,切除兩側邊。

(19) 將右側1/3向內折疊,再將左側1/3向內折疊,折疊成型,折疊成3折(3折1次)。

⚠ 延展或折疊的過程中,可視實際情況適時地撒上手粉、或噴水霧的處理。

(20) 將可可麵團(100g)擀成同折疊麵團大小,覆蓋在折疊麵團的表面,沿著四邊稍黏貼收合,包覆住折疊麵團。用塑膠袋包覆,冷凍鬆弛30分鐘。

(21) 將麵團延壓平整薄成厚4mm長片狀。將右側1/3向內折疊,再將左側1/3向內折疊,折疊成3折(3折2次)。

(22) 用擀麵棍按壓兩側的開口邊,讓奶油與麵團緊密貼合,用塑膠袋包覆,冷凍鬆弛30分鐘。

組合折疊麵團

23　將作法❷表皮可可折疊麵團，裁切成寬5mm細長條。

24　將切口斷面朝上，以同方向整齊排放在作法❸主體的折疊麵團表面，鋪滿整個表面。

25　再延壓平整、展開，先就麵團寬度壓至成寬16cm，轉向再延壓平整出長度56cm、厚4.5mm，用塑膠袋包覆，冷凍鬆弛30分鐘。

分割、整型、最後發酵

26　將麵團裁切成長14cm×寬9cm×厚4.5mm長方片狀，並將底邊稍延壓展開（稍壓薄幫助黏合）。

27　在麵皮表面（白色底面朝上）鋪放入巧克力餡（約12g）、栗子餡（約20g）。

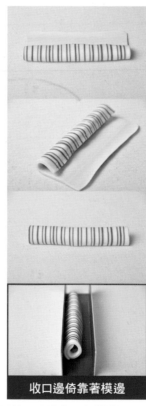

收口邊倚靠著模邊

28　從外側長邊往內折覆蓋內餡，再順勢捲折至底，整型成細條狀，再將收口邊倚靠著模型邊放置。

⚠ 倚靠模邊放置，可烘烤膨脹後裂開的狀況。

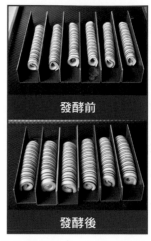

發酵前

發酵後

29　放室溫30分鐘，待解凍回溫。放入發酵箱，最後發酵30分鐘（溫度27℃，濕度75％）至約8分滿。

烘烤、裝飾

30　放入烤箱，以上火180℃／下火180℃，烤約14分鐘，脫模。

31　表面薄刷上金粉，用巧克力飾片裝點即可。

DANISH PASTRY 06

花見巴黎酥塔

特意把麵包的外觀塑整的高聳立體，讓美麗的紋理能漸層地外顯出來，繽紛的色澤與細緻的紋理，格外的別有風情；中間空心處填入滿滿熱帶風情的果醬，無論麵團或夾餡滋味都很醇厚濃郁，是款非常吸睛的丹麥麵包。

份量　6個

模型　SN41616

（鋁合金螺管，直徑28×長135mm）

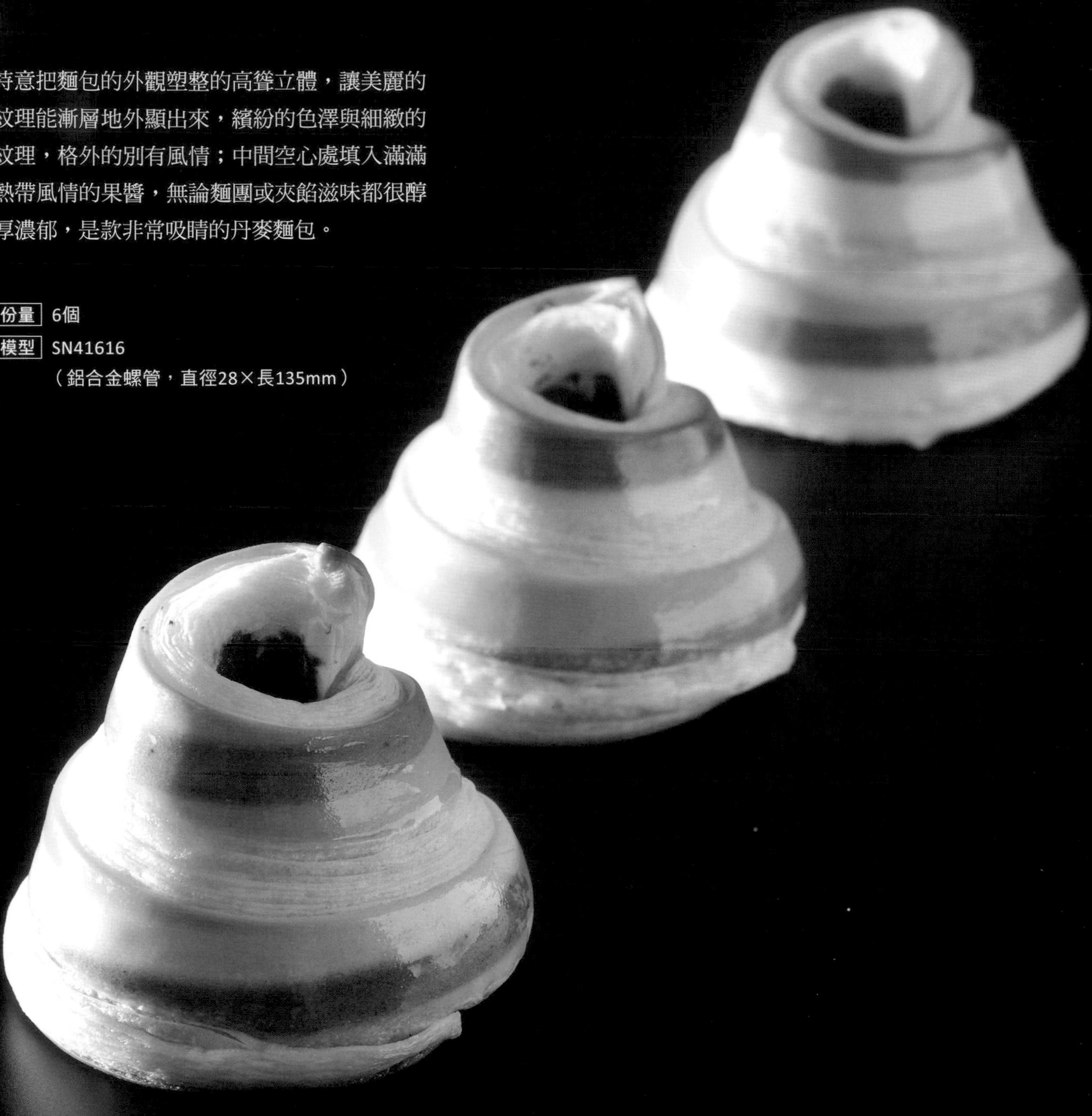

剖面結構層次
1 熱帶水果果醬
2 三色丹麥麵團

材料

麵團	份量	配方
Ⓐ 法國粉............	425g	100%
細砂糖.............	43g	10%
岩鹽	9g	2%
麥芽精..............	3g	0.5%
新鮮酵母..........	20g	4.5%
水	196g	46%
無鹽奶油..........	34g	8%
Ⓑ 折疊裹入油	130g	52%

黃色麵團

原味麵團	50g
黃梔子花粉...........................	1.5g

蝶豆花麵團

原味麵團	50g
蝶豆花粉	1.5g

內餡（每份25g）

熱帶水果果醬（P32）

製作工序

攪拌麵團

材料慢速攪拌光滑成團，終溫24℃。切取麵團125g、50g×3個加入黃梔子、蝶豆花粉拌勻。

基本發酵

麵團425g、125g、50g×3，滾圓，30分鐘。

冷藏鬆弛

麵團壓平，冷藏1晚。

折疊裹入

麵團包裹入油。折疊。4折1次，3折1次，冷凍鬆弛30分鐘。

分割、整型

黃、白、藍紫麵團依序重疊排列，冷凍冰硬，縱切後，組合黏貼主麵團表面。延壓至4mm，切成30×6cm三角片，鬆弛30分鐘。沿著螺管盤捲成型。

最後發酵

室溫鬆弛30分鐘，解凍回溫。20分（發酵箱28℃，75%）。

烘烤、組合

12分鐘（160℃／180℃）。封底填果醬。

作法

準備模型

01 使用的模型為SN41616。

攪拌麵團

02 麵團的攪拌製作同P154-156「基本丹麥麵團」作法1-2。

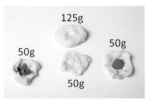

03 切取出原味主麵團425g；原味麵團125g、原味麵團50g×3。取其中2個原味麵團50g，分別加入黃梔花粉、蝶豆花粉攪拌混合均勻，做成黃色、蝶豆花麵團。

04 完成三色麵團，製作原味麵團（50g）、黃色麵團、蝶豆花麵團、底部原味麵團（125g）。

基本發酵

(05) 將麵團、原味、黃色、蝶豆花麵團分別收合滾圓，室溫基本發酵約30分鐘。

冷藏鬆弛

(06) 用手拍壓麵團、原味、黃色、蝶豆花麵團將氣體排出，壓平整成長方狀，用塑膠袋包覆，冷藏（4℃）鬆弛1晚約12-18小時。

包裹入油

(07) 麵團（425g）包裹入油（130g）的製作同P154-156「基本丹麥麵團」作法5-8。

折疊（4折1次、3折1次）

〈主體折疊麵團〉

(08) 用壓麵機延壓平整薄至成厚5mm長片狀，切除兩側邊。

(09) 將右側3/4向內折疊，再將左側1/4向內折疊，折疊成型，再對折，折疊成4折（4折1次）。

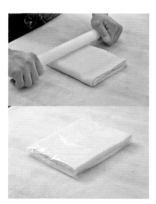

(10) 用擀麵棍按壓兩側的開口邊，讓奶油與麵團緊密貼合，用塑膠袋包覆，冷凍鬆弛30分鐘。

❗ 將麵團冷凍鬆弛，讓因折疊而緊縮的麩質能變得鬆弛，若沒能延展的麵團有足夠的鬆弛冷卻，麵團會容易有斷裂的現象。

(11) 將麵團延壓平整薄成長片狀。將右側1/3向內折疊，再將左側1/3向內折疊，折疊成3折（3折1次）。

❗ 壓平過程中，需要不時用手從麵團的下方拿起稍做鬆弛，使其自然收縮，可以避免延展後造成的腰身現象（不同寬度，有寬、有窄）。

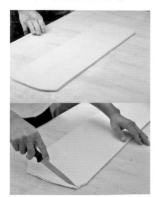

(12) 用擀麵棍按壓兩側的開口邊，讓奶油與麵團緊密貼合，用塑膠袋包覆，冷凍鬆弛30分鐘。

3色外皮

⑬ 將原味、黃色、蝶豆花的3色麵團，分別延壓擀成相同大小片狀。

⑭ 蝶豆花麵團為底，中間層疊放原味麵團，第三層疊放黃色麵團，沿著四邊稍黏貼收合，用塑膠袋包覆，冷凍鬆弛10分鐘。

⑮ 將作法⑭的3色麵團，裁切成厚5mm長條狀，切口斷面朝上（相同方向、斷面朝上），整齊排列鋪放在擀平的底部麵團（125g）上，用擀麵棍稍擀壓密合。

組合折疊麵團

⑯ 將作法⑮的3色麵團稍擀壓同折疊麵團的大小，再覆蓋在折疊麵團表面，延壓平整、展開至成寬25cm、厚度4mm。整型完成用塑膠袋包覆，冷凍鬆弛30分鐘。

分割、整型、最後發酵

⑰ 將麵團左右側邊切除，裁切長30cm×寬6cm（厚4mm）三角片狀，覆蓋塑膠袋冷藏鬆弛10分鐘。

⑱ 將三角片（白色面朝上）直角底邊放置螺管，貼合固定。

收合於底部

⑲ 將三角片（白色面朝上）直角底邊放置螺管，貼合固定後，沿著螺管順勢盤繞至尾端，黏貼收合於底成型。

⑳ 間隔整齊地排列烤盤上，放置室溫30分鐘，待解凍回溫。再放入發酵箱，最後發酵20分鐘（溫度28℃，濕度75%）。

烘烤、夾餡

㉑ 放入烤箱，以上火160℃／下火180℃，烤約12分鐘，脫模。

㉒ 待冷卻，用裁切好的玻璃紙封底，在中空處填滿熱帶水果果醬（約25g）即可。

DANISH PASTRY 07

藍紋花扇丹麥酥

外觀就像展開的折疊扇子般。麵包體擀
壓的特別薄，質輕而具彈性，吃起來別有
酥脆感；折疊的過程中薄抹一層香氣獨特
的藍紋乳酪，經烘焙後會釋出一股特殊香
氣，鹹香酥口，為此款麵包的一大魅力。

份量 10個

剖面結構層次

1 烤熟杏仁片
2 果膠
3 可可麵皮
4 丹麥麵團

材料

麵團

麵團	份量	配方
Ⓐ 法國粉	325g	100%
細砂糖	33g	10%
岩鹽	7g	2%
麥芽精	1g	0.5%
新鮮酵母	16g	4.5%
水	150g	46%
無鹽奶油	26g	8%
Ⓑ 折疊裹入油	130g	52%

可可麵團

原味麵團	100g
可可粉	10g
水	10g
無鹽奶油	10g

製作工序

攪拌麵團

所有材料慢速攪拌成團光滑，加入奶油攪拌光滑至8分筋，終溫24℃。

切取麵團（100g）加入可可粉、水、奶油攪拌混合均勻，成可可麵團。

↓

基本發酵

原味、可可麵團，滾圓，30分鐘。

↓

冷藏鬆弛

麵團分別壓平，冷藏1晚。

↓

折疊裹入

原味麵團包裹入油。

折疊。4折1次，3折1次，冷凍鬆弛30分鐘。

↓

分割、整型

原味麵團延壓至2.5mm，寬度26cm，表面抹上藍紋乳酪，從外側往中間連折4折，冷凍鬆弛30分鐘。

可可麵團延壓至長50×寬10cm片狀。

將可可麵皮覆蓋折疊麵團包覆住，以4cm為單位分切成塊狀。

再劃切相間距4刀口（預留0.5cm）不切斷，攤展開。

↓

最後發酵

室溫鬆弛30分鐘，解凍回溫。30分（發酵箱27℃，75%）。

↓

烘烤、裝飾

12分鐘（210℃／170℃）。

刷果膠，沾裹烤熟杏仁片。

攪拌麵團

① 麵團的攪拌製作同P154-156「基本丹麥麵團」作法1-2。

② 將攪拌好的麵團切取出原味麵團（100g）。再將原味麵團加入可可粉、水、奶油攪拌混合均勻，即成可可麵團。

基本發酵

③ 將原味麵團（425g）、可可麵團（130g）分別對折收合於底，輕拍均勻，往底部收合滾圓，室溫基本發酵30分鐘。

冷藏鬆弛

④ 用手拍壓麵團、可可麵團將氣體排出，壓平整成長方狀，用塑膠袋包覆，冷藏（4℃）鬆弛1晚約12-18小時。

包裹入油

⑤ 麵團包裹入油的製作同P154-156「基本丹麥麵團」作法5-8。

折疊（4折1次、3折1次）

⑥ 用壓麵機延壓平整薄至成厚5mm長片狀，切除兩側邊。

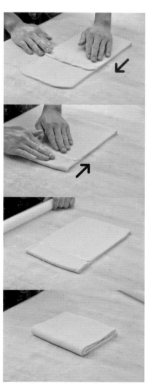

⑦ 將右側3/4向內折疊，再將左側1/4向內折疊，折疊成型，再對折，折疊成4折（4折1次）。

⑧ 用擀麵棍按壓兩側的開口邊，讓奶油與麵團緊密貼合，用塑膠袋包覆，冷凍鬆弛30分鐘。

❗ 將麵團冷凍鬆弛，讓因折疊而緊縮的麩質能變得鬆弛，若沒能延展的麵團有足夠的鬆弛冷卻，麵團會容易有斷裂的現象。

⑨ 將麵團延壓平整薄成長片狀。將右側1/3向內折疊，再將左側1/3向內折疊，折疊成3折（3折1次）。

❗ 壓平過程中，需要不時用手從麵團的下方拿起稍做鬆弛，使其自然收縮，可以避免延展後造成的腰身現象。

10 用擀麵棍按壓兩側的開口邊，讓奶油與麵團緊密貼合，用塑膠袋包覆，冷凍鬆弛30分鐘。

13 再重複折疊、輕拍壓的操作共操作4次（折4折），成型長條方枕狀，用塑膠袋包覆，冷凍鬆弛10分鐘。

17 將每長塊以等距間隔切割4刀（預留一側0.5cm），不切斷。再就刀口處稍微攤展開，露出切口斷面層折。

11 將麵團延壓平整、展開，先就麵團寬度壓至成寬28cm。轉向再延壓平整出長度40cm、厚度2.5mm。

14 將可可麵團延壓平整成長50cm×寬10cm長方片（足夠包覆折疊麵團的大小）。

18 整齊間距排放烤盤，放室溫30分鐘，待解凍回溫。放入發酵箱，最後發酵約30分鐘（溫度27℃，濕度75％）。

15 將可可長片麵團覆蓋在折疊麵團上，沿著四邊稍黏貼收合，包覆住折疊麵團。用塑膠袋包覆，冷凍鬆弛10分鐘。

烘烤、裝飾

19 放入烤箱，以上火210℃／下火170℃，烤約12分鐘。

分割、整型、最後發酵

12 將麵團表面均勻抹上藍紋乳酪（約50g），再從外側長側邊往下折疊、輕拍壓。

16 將麵團左右側邊切除，以4cm為單位分切成長塊狀，覆蓋塑膠袋冷藏鬆弛10分鐘。

20 用毛刷在花色邊薄刷上果膠，並沾裹上烤上色的杏仁片點綴即可。

DANISH PASTRY 08
香草雪莉奶凍脆笛

內餡的口味是展現整體風味的獨特重點。香草
卡士達醬為底，特別加入了本身帶有豐厚水果
香氣的雪莉威士忌調配，風味層次更上一層。
風味強烈且外皮口感酥脆，有別其他酥脆的丹
麥，冷藏後品嚐的風味更佳。

| 份量 | 8個 |
| 模型 | SN4212（丹麥鋁合金管，25×145mm） |

剖面結構層次

1 防潮糖粉
2 香草雪莉奶凍
3 芒果丁
4 丹麥麵團

材料

麵團

	份量	配方
Ⓐ 法國粉 250g		100%
細砂糖 25g		10%
岩鹽 5g		2%
麥芽精 2g		0.5%
新鮮酵母 12g		4.5%
水 115g		46%
無鹽奶油 20g		8%
Ⓑ 折疊裹入油 130g		52%

內餡用

香草雪莉奶凍	適量
芒果丁	適量

表面用

防潮糖粉	適量

製作工序

攪拌麵團

所有材料慢速攪拌光滑成團,終溫24℃。

↓

基本發酵

麵團分割425g,滾圓,30分鐘。

↓

冷藏鬆弛

麵團壓平,冷藏1晚。

↓

折疊裹入

麵團包裹入油。折疊。4折1次,3折1次,冷凍鬆弛30分鐘。

↓

分割、整型

縱切厚5mm整齊排列,延壓至3.5mm,切成28×3cm長條狀,鬆弛10分鐘。
將麵團順著鐵管盤捲成型。

↓

最後發酵

室溫鬆弛30分鐘,解凍回溫。
20分鐘(發酵箱27℃,75%)。

↓

烘烤、裝飾

12分鐘(190℃/180℃)。
填充內餡。

作法

準備模型

01 使用的模型為SN4212。

製作麵團

02 麵團的製作攪拌、基本發酵、冷藏鬆弛同P154-156「基本丹麥麵團」作法1-4。

包裹入油

03 將裹入油(130g)擀平,平整至成軟硬度與麵團相同的長方狀。將麵團(425g)延壓薄成長方片,寬度相同,長度為裹入油的2倍長。

(04) 將裹入油擺放麵團中間（左右兩側麵團長度相同），用擀麵棍在裹入油的兩側邊稍按壓出凹槽。

⚠ 在奶油側邊壓出凹槽會較好折疊；若直接折疊容易造成側邊的麵團較厚。

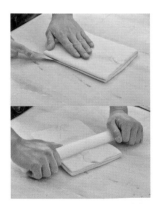

(05) 將左右兩側麵團朝中間折疊，包覆住裹入油，並將接口處稍捏緊密合（折疊的麵皮兩側盡量不重疊）。

(06) 在折疊的兩側邊用刀直劃出刀口，用擀麵棍平均按壓全體，翻面後再平均稍擀平。

(07) 用壓麵機延壓平整薄至成厚5mm長片狀，切除兩側邊。

(08) 將右側3/4向內折疊，再將左側1/4向內折疊，折疊成型，再對折，折疊成4折（4折1次）。

(09) 用擀麵棍按壓兩側的開口邊，讓奶油與麵團緊密貼合，用塑膠袋包覆，冷凍鬆弛30分鐘。

(10) 將麵團延壓平整薄成長片狀。將右側1/3向內折疊，再將左側1/3向內折疊，折疊成3折（3折1次）。

(11) 用擀麵棍按壓兩側的開口邊，讓奶油與麵團緊密貼合，用塑膠袋包覆，冷凍鬆弛30分鐘。

⑫ 將麵團延壓平整、展開，對切成2片，重疊放置再對切成4片。

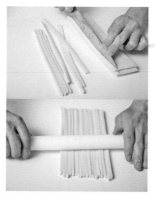

⑬ 再將麵團縱切成厚5mm長條狀，並將切口斷面朝上整齊排列用擀麵棍稍延壓平密合。

⑭ 再將麵團延壓平整、展開，先就寬度壓至成寬30cm。再轉向延壓平整出長度、厚度3.5mm，用塑膠袋包覆，冷凍鬆弛30分鐘。

分割

⑮ 將麵團先對折後（對折方便裁切）裁切成長28cm×寬3cm（厚3.5mm）長條狀，覆蓋塑膠袋冷藏鬆弛10分鐘。

整型、最後發酵

⑯ 將長條麵團一端固定在鐵圓管上，稍重疊第一圈的麵皮一圈一圈地纏繞到尾端，收口貼合黏緊。

⚠ 為避免奶油在製作中途融化，動作必須迅速。

⑰ 呈間隔整齊地排列烤盤上，放置室溫30分鐘，待解凍回溫。再放入發酵箱，最後發酵20分鐘（溫度27℃，濕度75%）。

烘烤、填餡、裝飾

⑱ 放入烤箱，以上火190℃／下火180℃，烤約12分鐘即可，脫模。待冷卻，在中空處填充入內餡，表面篩撒防潮糖粉。

香草雪莉奶凍

材料
① 鮮奶油 250g
　香草莢 1根
　細砂糖 38g
　蛋黃 40g
　雪莉威士忌 18g
Ⓑ 柑橘果膠粉 3g
　細砂糖 5g

作法
① 香草莢、香草籽與鮮奶油加熱煮至沸騰，取出香草莢。
② 蛋黃、細砂糖攪拌至糖融解，分次沖入作法①攪拌均勻，再加入混勻的材料Ⓑ攪拌至融化。
③ 用濾網過篩細緻，待冷卻降溫至45℃，加入雪莉威士忌混合拌勻即可。

DANISH PASTRY 09

焦糖榛果金三角

同時享受2種不同的香醇酥脆感。厚薄度適中
的丹麥酥層,中間夾入口感酥脆香濃的焦糖榛
果內餡,入口瞬間就能感受完美的平衡。帶點
微甜和焦糖香的果仁糖餡不但是風味的祕訣,
連塑型的外觀都別有特色。

份量 7個

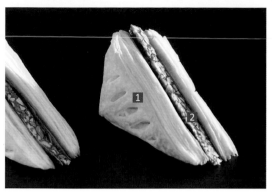

剖面結構層次
1 黃梔子丹麥麵團
2 焦糖榛果餡

焦糖榛果餡

① 榛果碎用上火150℃／下火150℃烤約8分鐘至微金黃上色，待冷卻。

② 將細砂糖加熱煮至焦化，加入鮮奶油煮至沸騰。

③ 再加入烤過的榛果碎拌勻，加入奶油混合拌勻。

材料

麵團

	份量	配方
Ⓐ 法國粉	250g	100%
細砂糖	25g	10%
岩鹽	5g	2%
麥芽精	2g	0.5%
新鮮酵母	12g	4.5%
水	115g	46%
無鹽奶油	20g	8%
Ⓑ 黃梔子花粉	1g	
Ⓒ 折疊裹入油	130g	52%

焦糖榛果餡

細砂糖	50g
鮮奶油	35g
榛果碎	60g
無鹽奶油	5g

製作工序

攪拌麵團
所有材料慢速攪拌光滑成團，將麵團（425g）加入黃梔子花粉（1g）稍微切拌混合，終溫24℃。

基本發酵
麵團分割425g，滾圓，30分鐘。

冷藏鬆弛
麵團壓平，冷藏鬆弛1晚。

折疊裹入
麵團包裹入油。折疊。4折2次，冷凍鬆弛30分鐘。

分割、整型
延壓至2mm，切成11×7cm長方形，對角切為2個直角三角形，鬆弛30分鐘。

最後發酵
室溫鬆弛30分鐘，解凍回溫。
30分鐘（發酵箱27℃，75%）。

烘烤
14分鐘（160℃／170℃）。
三角片中間夾層焦糖榛果餡。

04 趁熱，倒入烤盤攤展開、平整，壓塑成片狀，冷藏後裁切成11cm×7cm 的長方片，再斜角對切成2個直角三角形（大小同丹麥）備用。

攪拌麵團

05 麵團的攪拌製作同P154-156「基本丹麥麵團」作法1-2。

06 在麵團（425g）表面均勻撒上黃色梔子花粉（1g），用擀麵棍擀壓、折疊重複壓拌堆疊的方式，讓梔子花粉能不規則的分布呈現出紋理。

基本發酵

07 將麵團（425g）將麵團對折收合於底，輕拍均勻，往底部收合滾圓，室溫基本發酵約30分鐘。

冷藏鬆弛

08 用手拍壓麵團將氣體排出，壓平整成長方狀，用塑膠袋包覆，冷藏（4℃）鬆弛1晚約12-18小時。

包裹入油

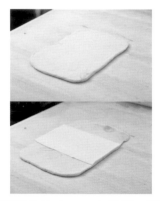

09 將裹入油（130g）擀平，平整至成軟硬度與麵團相同的長方狀。將麵團（425g）延壓薄成長方片，寬度相同，長度裹入油的2倍長。

10 將裹入油擺放麵團中間（左右兩側麵團長度相同），用擀麵棍在裹入油的兩側邊稍按壓出凹槽。

11 將左右兩側麵團朝中間折疊，包覆住裹入油，並將接口處稍捏緊密合（折疊的麵皮兩側盡量不重疊）。

12 在折疊的兩側邊用刀直劃出刀口，用擀麵棍平均按壓全體，翻面後再平均稍擀平。

折疊（4折2次）

13 用壓麵機延壓平整薄至成厚5mm長片狀，切除兩側邊。

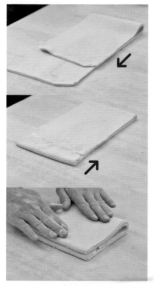

⑭ 將右側3/4向內折疊，再將左側1/4向內折疊，折疊成型，再對折，折疊成4折（4折1次）。

⑮ 用擀麵棍按壓兩側的開口邊，讓奶油與麵團緊密貼合，用塑膠袋包覆，冷凍鬆弛30分鐘。

⑯ 將麵團延壓平整薄成長片狀。

⑰ 將右側3/4向內折疊，再將左側1/4向內折疊，折疊成型，再對折，折疊成4折（4折2次）。

⑱ 用擀麵棍按壓兩側的開口邊，讓奶油與麵團緊密貼合，用塑膠袋包覆，冷凍鬆弛30分鐘。

⑲ 將麵團延壓平整、展開，先就麵團寬度壓至成寬23cm。再轉向延壓平整出長度、厚度約2mm，用塑膠袋包覆，冷凍鬆弛30分鐘。

分割、整型、最後發酵

⑳ 將麵團裁切成長11cm×寬7cm（厚2mm）長方形片。再對斜角對切成二，形成二個直角三角形，覆蓋塑膠袋冷藏鬆弛30分鐘。

㉑ 間隔整齊地排列烤盤上，用割紋刀在表面斜劃5刀紋線條，放置室溫30分鐘，待解凍回溫。再放入發酵箱，最後發酵30分鐘（溫度27℃，濕度75%）。

烘烤、夾餡

㉒ 放入烤箱，以上火160℃／下火170℃，烤約14分鐘，取出。待冷卻，二片為組，中間夾層放入焦糖榛果餡（約30g）即可。

05

MILLE-FEUILLE
經典混搭的
千層派

有千層葉子含意，是由極薄的派皮層層交疊構成，帶有濃厚的奶油香氣。千層麵團的折疊與可頌、丹麥的折疊法異曲同工，都是以麵團包覆奶油，經反覆折疊擀壓出層次的製作；唯獨千層麵團不加酵母，不同於其他兩者的麵團發酵。最經典代表有法式國王派，或以焦糖蘋果為餡的蘋果派，以及各式以杏仁餡為基底餡製作的千層派等。

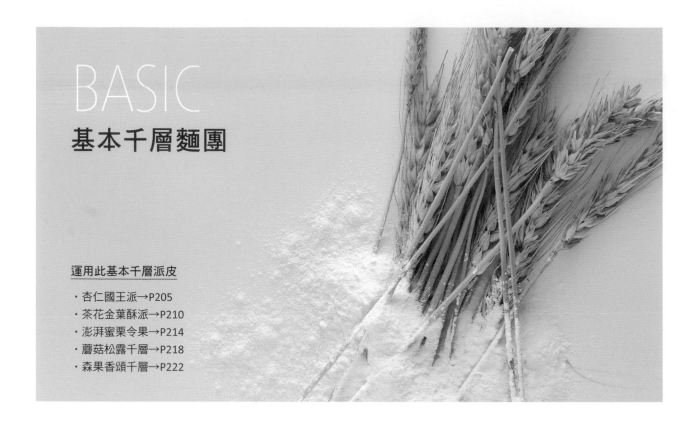

BASIC
基本千層麵團

運用此基本千層派皮

· 杏仁國王派→P205
· 茶花金葉酥派→P210
· 澎湃蜜栗令果→P214
· 蘑菇松露千層→P218
· 森果香頌千層→P222

材料

麵團	份量	配方
Ⓐ 法國粉	200g	66%
低筋麵粉	100g	34%
無鹽奶油	30g	10%
岩鹽	7.5g	2.5%
冰水	150g	50%
白醋	10g	3%
Ⓑ 折疊裹入油	250g	83%

作法

攪拌麵團

01 岩鹽、冰水、白醋先攪拌混合至融解均勻。

❗為使鹽容易溶化均勻，事先將液體與鹽先混合備用。

02 將低筋麵粉、法國粉、奶油慢速攪拌到大致均勻，奶油融合。

03 再加入融解作法**01**攪拌混合至全部混合均勻無粉粒。

❗ 醋可以軟化麩質彈性,進而軟化派皮筋性。在麵團中加點醋,可加強麵皮的延展性,可幫助擀壓操作(可讓千層派皮更為酥脆);若不添加麵皮會過於強韌,烘烤出的千層酥就較硬。

冷藏鬆弛

04 用手拍壓麵團,平整成長方狀,用塑膠袋包覆,冷藏(5℃)鬆弛2小時。

包裹入油

05 將裹入油擀平,平整至成軟硬度與麵團相同的長方狀。

06 將冷藏過麵團延壓薄成長方片,寬度相同,長度約為裹入油的2倍長。

07 將裹入油擺放麵團中間(左右兩側麵團長度相同),用擀麵棍在裹入油的兩側邊稍按壓出凹槽。

❗ 在奶油側邊壓出凹槽會較好折疊;若直接折疊容易造成側邊的麵團較厚。

08 將左右兩側麵團朝中間折疊,包覆住裹入油,並將接口處稍捏緊密合(折疊的麵皮兩側盡量不重疊)。

09 在折疊的兩側邊用刀直劃出刀口,用擀麵棍平均按壓全體,翻面後再平均稍擀平。

❗ 平均按壓可讓奶油與麵團能緊密貼合,避免麵團與油脂錯開分離。

折疊

10 用壓麵機延壓平整薄至成厚6mm的長片狀,再切除兩側邊。

❗ 折疊時邊端須先對齊,這樣才能折出整齊的麵團。

(15) 重複麵團延壓平整，折疊、冷凍鬆弛30分鐘的操作，完成總共6次的3折作業（3折6次）。

(11) 將右側1/3向內折疊，再將左側1/3向內折疊，折疊成型，折疊成3折（3折1次）。

❗ 延展或折疊的過程中，可視實際情況適時地撒上手粉、或噴水霧的處理。

(13) 將麵團延壓平整薄成長片狀。將右側1/3向內折疊，再將左側1/3向內折疊，折疊成3折（3折2次）。

❗ 壓平過程中，需要不時用手從麵團的下方拿起稍做鬆弛，使其自然收縮，可以避免延展後造成的腰身現象（不同寬度，有寬、有窄）。

(16) 用擀麵棍按壓兩側的開口邊，讓奶油與麵團緊密貼合，用塑膠袋包覆，冷凍鬆弛30分鐘。

(12) 用擀麵棍按壓兩側的開口邊，讓奶油與麵團緊密貼合，用塑膠袋包覆，冷凍鬆弛30分鐘。

❗ 將麵團冷凍鬆弛，讓因折疊而緊縮的麩質能變得鬆弛，若沒能延展的麵團有足夠的鬆弛冷卻，麵團會容易有斷裂的現象。

(14) 用擀麵棍按壓兩側的開口邊，讓奶油與麵團緊密貼合，用塑膠袋包覆，冷凍鬆弛30分鐘。

(17) 即可進行整型前的延壓，將麵團延壓平整、展開，就寬度、長度、厚度使用。

GALETTE 01

GALETTE0 01
杏仁國王派

法式國王派（Galette des rois）是法國傳統的糕點。每年主顯節（1月6日）當地家庭會聚在一起享用，象徵家族每個人都能平安順利。酥脆派皮內包裹香醇濃郁的杏仁奶油餡外，還有趣味的小搪瓷玩偶，相傳誰吃到有造型瓷偶的那塊，就會有整年的好運。

份量	2個
模型	SN3245（圓形圈，圓徑203×50mm）

剖面結構層次

1 蛋黃液
2 千層麵團
3 杏仁餡

<table>
<tr><td colspan="3">材料</td></tr>
</table>

材料

麵團	份量	配方
Ⓐ 法國粉............ 200g		66%
低筋麵粉........ 100g		34%
無鹽奶油.......... 30g		10%
岩鹽 7.5g		2.5%
冰水 150g		50%
白醋 10g		3%
Ⓑ 折疊裹入油 250g		83%

杏仁餡（每份）

杏仁餡（P30）.......................300g

製作工序

攪拌麵團

低粉、法國粉、奶油攪拌融合，加入融解的鹽、醋水攪拌均勻成團。

↓

冷藏鬆弛

麵團分別壓平，冷藏2小時。

↓

折疊裹入

麵團包裹入油。
折疊。3折6次，每次折疊後冷凍鬆弛30分鐘。

↓

分割、整型

延壓至2.5mm，裁切成長、寬24×24cm（約150g），冷凍鬆弛30分鐘。
2片為組，1片為底層塗刷蛋黃液，中間夾層杏仁餡（300g）抹平，表面覆蓋上層麵皮，沿著邊貼合，冷凍30分鐘，套上模框裁切整型，刻劃紋路，塗刷蛋黃液，冷凍30分鐘，塗刷第2次蛋黃液，刻劃曲線圖紋，戳孔。

↓

烘烤

用旋風烤箱，烤45分鐘（170℃）。

作法

準備模型

01 使用的模型為SN3245。

製作千層麵團

02 麵團的攪拌製作同P202-204「基本千層麵團」作法1-16。

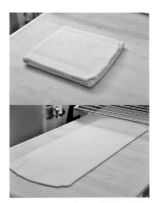

03 將麵團延壓平整、展開,先就麵團寬度壓至成寬24cm。轉向再延壓平整出長度100cm、厚度2.5mm,用塑膠袋包覆,冷凍鬆弛30分鐘。

分割、整型

04 將麵皮的左右兩側邊切除,裁切成長24cm×寬24cm。並在片狀麵皮上,用圓形模框(SN3245)套放麵皮上(作為標記固定使用)(約150g),覆蓋塑膠袋冷凍鬆弛30分鐘。

05 以2片為組,一片為底層、一片為上層,並在標記處表面(底層麵皮表面)塗刷蛋黃液。

> ❗ 蛋黃打散後過篩均勻使用。

06 將底層麵皮,預留邊緣(約2cm),用擠花袋由中心往外以畫同心圓的方式擠上杏仁餡(約300g),用抹刀均勻平整。

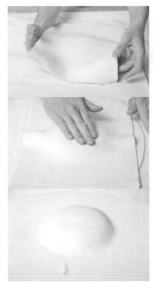

07 取另一片上層麵皮,避免空氣進入的覆蓋在作法**06**表面,由中心處往四周邊緣用手確實按壓使其貼合(同時壓除內部多餘的空氣),覆蓋塑膠袋冷凍鬆弛30分鐘。

> ❗ 覆蓋麵皮時要注意避免空氣進入,一旦內含過多空氣,烘烤時會因空氣膨脹而容易產生破裂情形。

08 將圓形模框套放在作法**07**的表面,沿著模框切割切出形狀。

图纹特写

(09) 用小刀在表面由中心點朝著邊緣的方向刻劃圖紋。

(10) 在上層表面再均勻塗刷蛋黃液，覆蓋塑膠袋冷凍鬆弛30分鐘。

(11) 由冷凍取出，在表面均勻塗刷第二次蛋黃液，用刀背沿著邊緣處按壓入使其形成花邊。

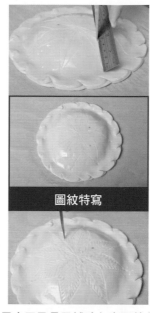

图纹特寫

(12) 用小刀及長尺輔助在表面就主軸線條再劃曲線條紋，以及細部線條。

图纹特寫

(13) 再就外圍劃出整齊的へ圖紋。並在表面線條處輕戳出小孔洞，製作出氣孔。

❗ 在表面的線條處刺出小孔洞製作出氣孔，可避免烤焙時膨脹產生的變形。

烘烤

(14) 用旋風烤箱，以170℃烤約45分鐘即可，待冷卻。

❗ 切分時剩餘的麵團邊緣，可再擀壓整合後，利用在P222「森果香頌千層」的派皮製作。

MILLE-FEUILLE 02

茶花金葉酥派

擀壓折疊成的千層葉狀派皮，夾層帶有醇厚茶
香的杏仁餡；溫潤醇厚的杏仁餡中透著茶葉的
清新香氣，清香卻不過分搶味的茶味香氣，完
美的相互輝映，多層次口感與酥脆的好味道。

| 份量 | 12個 |
| 模型 | 葉形紙形 |

剖面結構層次
1 烤熟白芝麻
2 蛋黃液
3 茶香杏仁餡
4 千層麵團

材料

麵團	份量	配方
Ⓐ 法國粉............ 100g		66%
低筋麵粉.......... 50g		34%
無鹽奶油......... 15g		10%
岩鹽 3.8g		2.5%
冰水 75g		50%
白醋 5g		3%
Ⓑ 折疊裹入油 125g		83%

內餡 （每份）

茶香杏仁餡............................20g

表面用

糖水（P166）.........................適量
烤熟白芝麻.........................適量

製作工序

攪拌麵團

低粉、法國粉、奶油攪拌融合，加入融解的鹽、醋水攪拌均勻成團。

冷藏鬆弛

麵團分別壓平，冷藏2小時。

折疊裹入

麵團包裹入油。
折疊。3折6次，每次折疊後冷凍鬆弛30分鐘。

分割、整型

延壓至2.5mm，壓切出葉子形麵皮，冷凍鬆弛30分鐘。
2片為組，1片為底層塗刷蛋黃液，在表面中間擠入茶香杏仁餡（20g），覆蓋上層麵皮沿著邊緣貼合，表面塗刷蛋黃液，冷凍30分鐘，塗刷第2次蛋黃液，刻劃葉脈圖紋，戳孔。

烘烤、裝飾

用旋風烤箱，烤20分鐘（175℃）。塗刷糖水，沾裹烤熟白芝麻。

製作千層麵團

(01) 麵團的攪拌製作同P202-204「基本千層麵團」作法1-16。

(02) 將麵團延壓平整、展開,先就麵團寬度壓至成寬24cm。轉向再延壓平整厚度2.5mm長條狀,用塑膠袋包覆,冷凍鬆弛30分鐘。

分割、整型

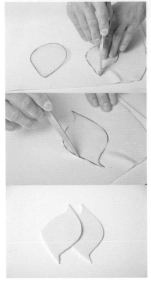

(03) 將麵皮的左右兩側邊切除。在麵皮上鋪放葉子狀紙形,沿著紙形用小切割出栗子形麵皮(25g)(上下2片為組),覆蓋塑膠袋冷凍鬆弛30分鐘。

(04) 以2葉形片為組,一片為底層、一片為上層,並在底層塗刷蛋黃液。

(05) 將底層麵皮,預留邊緣(約1cm),在表面鋪擠上茶香杏仁餡(約20g)。

(06) 取另一片上層麵皮,避免空氣進入的覆蓋在作法05表面,由中心處往四周邊緣用手確實按壓使其貼合(同時壓除內部多餘的空氣)。

⚠ 覆蓋麵皮時要注意避免空氣進入,一旦內含過多空氣,烘烤時會因空氣膨脹而容易產生破裂情形。

(07) 在上層表面再均勻塗刷蛋黃液,覆蓋塑膠袋冷凍鬆弛30分鐘。

08 由冷凍取出，在表面均勻塗刷第二次蛋黃液。

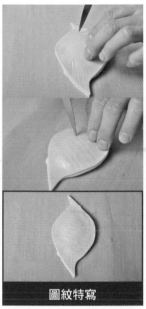

圖紋特寫

09 用小刀在一側處刻劃出弧狀條紋，再就兩側等間距斜劃葉脈紋路線條。並可在表面線條處輕戳出小孔洞，製作出氣孔。

⊟ 在表面的線條處刺出小孔洞製作出氣孔，可避烤焙時膨脹產生的變形。

烘烤、裝飾

10 用旋風烤箱，以175℃烤約20分鐘即可，待冷卻。

⊟ 可利用糖漿塗刷表面帶出光澤感。

11 用毛刷沿著葉緣的側邊輕柔塗刷上糖水，再就葉緣輪廓沿及側面沾裹上烤熟白芝麻即可。

FILLING
茶香杏仁餡

材料

Ⓐ 無鹽奶油 53g
　海藻糖 23g
　糖粉 23g
　鹽 0.1g
Ⓑ 全蛋 26g
　蛋黃 10g
Ⓒ 杏仁粉 66g
　低筋麵粉 10g
　茶葉粉 5g
Ⓓ 動物性鮮奶油 13g

作法

① 將所有材料Ⓐ攪拌均勻，分次加入材料Ⓑ攪拌至融合。
② 加入混合過篩的材料Ⓒ混合拌勻至無粉粒。
③ 最後加入材料Ⓓ攪拌混合均勻，覆蓋保鮮膜，備用。

澎派蜜栗令果

烤得焦黃酥脆的千層派皮，夾層著焦糖香氣的
蘋果餡與鬆軟香甜的栗子餡，彼此融合而不搶
味，一款形與內涵都相互輝映的甜點。

份量	12個
模型	栗子狀紙形

MILLE-FEUILLE 03

剖面結構層次

1 蛋黃液
2 栗子泥
3 焦糖蘋果餡
4 千層麵團

材料

麵團

	份量	配方
Ⓐ 法國粉............	100g	66%
低筋麵粉..........	50g	34%
無鹽奶油..........	15g	10%
岩鹽	3.8g	2.5%
冰水	75g	50%
白醋	5g	3%
Ⓑ 折疊裹入油	125g	83%

栗子餡

栗子泥	100g
無鹽奶油	20g
糖粉	12g

焦糖蘋果餡

新鮮蘋果	200g
細砂糖	50g
鮮奶油	50g

製作工序

攪拌麵團

低粉、法國粉、奶油攪拌融合，加入融解的鹽、醋水攪拌均勻成團。

冷藏鬆弛

麵團分別壓平，冷藏2小時。

折疊裹入

麵團包裹入油。
折疊。3折6次，每次折疊後冷凍鬆弛30分鐘。

分割、整型

延壓至2.5cm，壓切出栗子形麵皮，冷凍鬆弛30分鐘。
2片為組，1片為底層塗刷蛋黃液，中間夾層栗子餡、焦糖蘋果餡，鋪放上層麵皮刷蛋黃液，冷凍30分鐘，再塗刷第2次蛋黃液，刻劃圖紋。

烘烤

用旋風烤箱，烤20分鐘（175℃）。

作法

栗子餡

01　將室溫軟化奶油與栗子泥、糖粉攪拌混合均勻。

焦糖蘋果餡

02　蘋果去皮、去除果核，切小丁狀。將細砂糖小火拌煮至糖焦化，加入蘋果丁拌炒軟熟，再加入鮮奶油拌煮至濃稠收汁即可。

製作千層麵團

03　麵團的攪拌製作同P202-204「基本千層麵團」作法1-16。

04　將麵團延壓平整、展開，先就麵團寬度壓至成寬24cm。轉向再延壓平，至厚度2.5mm，用塑膠袋包覆，冷凍鬆弛30分鐘。

分割、整型

05　將麵皮的左右兩側邊切除，在麵皮上鋪放栗子狀紙形，沿著紙形用小刀切割出栗子形麵皮（25g）（上下2片為組），覆蓋塑膠袋冷凍鬆弛30分鐘。

06　以2圓形片為組，一片為底層、一片為上層，並在底層塗刷蛋黃液。

07　將底層麵皮，預留邊緣（約1cm），在表面鋪放上栗子餡（20g）、焦糖蘋果餡（10g）。

08　取另一片上層麵皮，避免空氣進入的覆蓋在作法 07 表面，由中心處往四周邊緣用手確實按壓使其貼合（同時壓除內部多餘的空氣）。

———————∧———————

❗ 覆蓋麵皮時要注意避免空氣進入，一旦內含過多空氣，烘烤時會因空氣膨脹而容易產生破裂情形。

09　在上層表面再均勻塗刷蛋黃液，覆蓋塑膠袋冷凍鬆弛30分鐘。

10　由冷凍取出，在表面均勻塗刷第二次蛋黃液。

11　用小刀在中心處刻劃出直條紋，再就兩側等間距依序刻劃完成圖紋。並可在表面線條處輕戳出小孔洞，製作出氣孔。

———————∧———————

❗ 在表面的線條處刺出小孔洞製作出氣孔，可避烤焙時膨脹產生的變形。

烘烤

12　用旋風烤箱，以175℃烤約20分鐘即可，待冷卻。

———————∧———————

❗ 也可利用糖漿塗刷表面帶出光澤感。

MILLE-FEUILLE 04

蘑菇松露千層

可愛的蘑菇造型麵包模樣超吸睛。以折疊裹油
的千層麵團製作菇柄，層次分明，質地輕盈酥
脆，內層片片綿密，奶香十足，撕開來包藏由
松露醬調味成的杏仁餡，濃濃奶香與醇厚香
氣，濃郁酥香大滿足。

| 份量 | 8個 |
| 模型 | SN9106（11連淺半圓模365×265×36mm） |

剖面結構層次

1 可可麵皮
2 防潮糖粉
3 松露杏仁餡
4 千層麵團

材料

麵團

	份量	配方
Ⓐ 法國粉............	200g	66%
低筋麵粉........	100g	34%
無鹽奶油..........	30g	10%
岩鹽	7.5g	2.5%
冰水	150g	50%
白醋	10g	3%
Ⓑ 折疊裹入油	250g	83%

可可麵團

原味麵團	70g
可可粉	5g
水..	5g
無鹽奶油	3g

內餡（每份）

松露杏仁餡..............................	12g

製作工序

攪拌麵團

低粉、法國粉、奶油攪拌融合，加入融解的鹽、醋水攪拌均勻成團。

切取麵團（70g）加入其他材料攪拌混合均勻，做成可可麵團。

↓

冷藏鬆弛

麵團分別壓平，冷藏2小時。

↓

折疊裹入

麵團包裹入油。

折疊。3折6次，每次折疊後冷凍鬆弛30分鐘。

↓

分割、整型

延壓至2.5mm，冷凍鬆弛30分鐘。

千層麵皮裁切成正方形麵皮（6×6cm），可可麵皮（直徑8cm），壓切出圓形麵皮，千層麵皮包覆松露杏仁餡（12g）包折，整型成圓球，可可麵皮放入模型中，塗刷水，再放入圓球麵團，冷凍30分鐘。

↓

烘烤、裝飾

用旋風烤箱，烤20分鐘（175℃）。表面篩撒防潮糖粉。

作法

準備模型

01　使用的模型為SN9106，使用前須噴上烤盤油。

攪拌麵團

02　麵團的攪拌製作同P202-204「基本千層麵團」作法1-3。

03　取切出原味麵團（70g）加入可可粉、水與奶油攪拌混合均勻，做成可可麵團。

冷藏鬆弛

04　用手拍壓原味、可可麵團，壓平整成長方狀，用塑膠袋包覆，冷藏（5℃）鬆弛2小時。

製作千層麵團

05　千層麵團的攪拌製作同P202-204「基本千層麵團」作法4-16。

06　將麵團延壓平整、展開，先就麵團寬度壓至成寬24cm。轉向再延壓平，至厚度2.5mm，用塑膠袋包覆，冷凍鬆弛30分鐘。

分割、整型

〈可可麵皮〉

07　將可可麵團延壓平整成2.5mm的片狀。

08　用圓形模框（直徑8cm）壓切出圓形可可麵皮（約10g），做成可可菇傘。

〈千層麵皮〉

09　用小刀裁切正方形麵皮（長6cm×寬6cm，約10g），中間放入松露杏仁餡（約12g）。

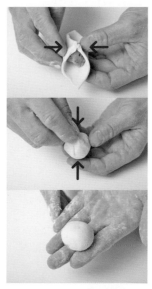

(10) 將麵皮上下、左右對稱的往中間對折收合，捏緊收合口成圓球狀，做成菇柄。

───────⌄───────

❗ 也可用圓形模框壓切出圓形麵皮。

(11) 將圓形可可麵皮先鋪放模型中，塗刷水，再放入作法⑩麵團（收口朝下），覆蓋塑膠袋冷凍鬆弛30分鐘。

烘烤、裝飾

(12) 用旋風烤箱，以175℃烤約20分鐘即可，待冷卻。

(13) 表面鋪放圓形膠片紙（或圓孔板），篩撒上防潮粉點綴即可。

FILLING
松露杏仁餡

材料

Ⓐ 無鹽奶油 70g
　松露鹽 2.3g
Ⓑ 蛋黃 20g
　松露醬（8%）......... 30g
Ⓒ 杏仁粉 40g
　法國粉 70g

作法

① 將所有材料Ⓐ攪拌均勻。
② 加入材料Ⓑ攪拌至融合。
③ 再加入混合過篩的材料Ⓒ混合拌勻至無粉粒，覆蓋保鮮膜，備用。

MILLE-FEUILLE 05

森果香頌千層

此款千層是特別為了將分割剩餘的千層麵團再利用的延伸。可將剩餘的麵皮重新擀壓整合後使用。將烤熟酥脆的千層酥派皮為底，搭配濃郁奶香的奶油餡，表面色彩鮮艷的莓果，酥香派皮、濃醇奶油餡、酸甜綜合莓果，完美交織的平衡美味。一款風味、外觀都格外引人的千層派。

| 份量 | 2個 |
| 模型 | 8吋塔模 |

剖面結構層次

1 開心果碎
2 糖花
3 新鮮莓果
4 香草奶油餡
5 千層麵團

材料

麵團

	份量	配方
Ⓐ 法國粉.............	100g	66%
低筋麵粉..........	50g	34%
無鹽奶油..........	15g	10%
岩鹽	3.8g	2.5%
冰水	75g	50%
白醋	5g	3%
Ⓑ 折疊裹入油....	125g	83%

內餡（每份）

香草奶油餡..............................	250g

表面用

白巧克力	適量
新鮮莓果	適量
開心果碎	適量
糖花.......................................	適量

製作工序

攪拌麵團

低粉、法國粉、奶油攪拌融合，加入融解的鹽、醋水攪拌均勻成團。

冷藏鬆弛

麵團分別壓平，冷藏2小時。

折疊裹入

麵團包裹入油。
折疊。3折6次，每次折疊後冷凍鬆弛30分鐘。

分割、整型

延壓至2mm，鋪放入8吋派盤、塑型，底部鋪上重石。

烘烤、填餡

用旋風烤箱，烤25分鐘（185℃）。
擠入香草奶油餡，放入莓果裝飾。

作法

準備模型

01 使用的模型為8吋塔模，使用前須噴上烤盤油。

製作千層麵團

02 麵團的攪拌製作同P202-204「基本千層麵團」作法1-16。

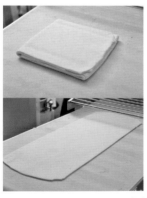

03 將麵團延壓平整、展開，先就麵團寬度壓至成寬24cm。轉向再延壓至厚度2mm，用塑膠袋包覆，冷凍鬆弛30分鐘。

剩餘千層麵皮

此千層麵團的部分，可利用剩餘的麵團邊緣，擀壓整合再利用。

分割、整型

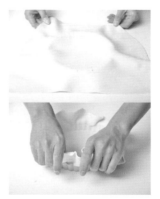

04 將擀平的千層麵皮攤平披覆在8吋派模上，用刮板沿著模邊先整平，再用手沿模邊貼合塑型。

05 再用擀麵棍擀壓修除邊緣多餘的麵皮、修邊整型。

06 用竹籤在底部表面、模邊平均戳出小孔洞，鋪放一層烤焙紙，再平均鋪滿重石。

❗ 在表面戳出小孔洞，並用重石覆蓋烘烤，可避烤焙時膨脹產生的變形。

烘烤

07 用旋風烤箱，以185℃烤約25分鐘，烤至塔皮邊緣上色時，連同烤焙紙將重石取出，續烤至著色金黃，脫模、待冷卻。

組合裝飾

08 在烤熟的派皮表面，塗刷上隔水融化的白巧克力（份量外）。

⚠ 薄刷白巧克力有阻隔的作用，可避免因內餡水分的滲透影響派皮的口感。

09 在派皮中擠上香草奶油餡並用刮板抹平，冷藏待凝固定型。

10 最後用新鮮莓果裝飾、派皮邊緣撒上開心果碎點綴即可。

FILLING
香草奶油餡

材料

鮮奶油	250g
細砂糖	65g
蛋黃	50g
柑橘果膠粉	2g
水	10g
香草酒	2g
奶油乳酪	190g

作法

① 細砂糖、蛋黃攪拌至糖融解顏色泛白。

② 將果膠粉加入水攪拌混合融化。

③ 將鮮奶油加熱煮沸後，沖入到作法①中邊加入邊攪拌混合均勻。

④ 接著加入回溫軟化奶油乳酪，再邊攪拌邊回煮至再次沸騰。

⑤ 最後加入作法②拌煮至完全融化，待降溫，加入香草酒拌勻，放涼備用。

SCONE 06
莎布蕾甜莓司康

被稱為「速發麵包」的司康，不同傳統的麵團
需要酵母發酵，而是靠著泡打粉的膨大作用來
幫助麵包體膨脹；外側粗硬、內部鬆軟有彈性
的司康，表面加上酥波蘿增添了酥脆感，中間
則填滿草莓果醬，讓整體的濕潤度提升。

| 份量 | 15個 |
| 模型 | 圓形模框（直徑6cm） |

剖面結構層次
1 酥菠蘿
2 草莓果醬
3 司康麵團

材料

麵團

	份量	配方
Ⓐ 法國粉	500g	100%
泡打粉	16g	3.2%
麥芽精	5g	1%
奶粉	30g	6%
無鹽奶油	120g	24%
Ⓑ 岩鹽	8g	1.6%
細砂糖	100g	20%
海藻糖	20g	4%
水	160g	32%
牛奶	100g	20%
全蛋	50g	10%
香草酒	2g	0.4%

酥波蘿

無鹽奶油	75g
糖粉	52g
法國粉	80g
杏仁粉	32g

內餡（每份）

草莓果醬（P32）	12g

製作工序

酥波蘿

奶油、糖粉攪拌均勻，加入法國粉、杏仁粉拌鬆成粗粒狀。

↓

攪拌麵團

材料Ⓐ攪拌融合，加入融解的材料Ⓑ攪拌均勻成團。

↓

冷藏鬆弛

麵團分別壓平，冷藏2小時。

↓

分割、整型

擀壓至厚2cm。
壓切圓形麵皮（直徑6cm），填充草莓餡，表面鋪放酥波蘿。

↓

烘烤

烤20分鐘（190℃／150℃）。

作法

準備模型

01　使用的模型為圓形模框（直徑6cm）。

酥波蘿

02　將室溫軟化的奶油、糖粉攪拌至糖融化顏色變白，加入混合過篩的粉類攪拌混勻，用塑膠袋包覆，冷藏待變硬，用細篩網按壓過篩成鬆散狀的細砂粒狀。

攪拌麵團

03 法國粉、奶粉、泡打粉混合過篩後加入冷藏的奶油、麥芽精，以慢速攪拌均勻成鬆散的砂粒狀。

04 將材料Ⓑ先攪拌混合融解均勻，加入作法03中攪拌混合至全部混合均勻即可。

⚠️ 攪拌均勻即可，避免過度攪拌會導致質地變硬。

冷藏鬆弛

05 將麵團壓平整成長方狀，用塑膠袋包覆，冷藏（5℃）鬆弛2小時，待變硬。

分割、整型

06 將冰硬的麵團先擀壓成長方形，再延壓擀平至成厚2cm的麵皮。

07 用圓形模框（直徑6cm）壓切出圓形麵皮，等間距整齊放置已鋪放烤焙紙的烤盤上。

08 在麵團中心處壓出小孔洞，填充入草莓果醬（約12g）。

09 並在圓孔周圍塗刷上蛋黃液，撒上酥波蘿。

烘烤

10 放入烤箱，以上火190℃／下火150℃，烤約20分鐘表面呈現金黃即可，待冷卻。

⚠️ 表面也可以再篩撒上覆盆子粉與防潮糖粉裝點。

SCONE 07

蜜橙金盞花司康

外皮略硬脆,內裡鬆軟輕盈,鹹甜皆宜;而儘
管口味百變,可添加不同配料變化,但都能夠
嚐得出粉類香氣風味相當特別。這款以糖漬柳
橙結合在百變的司康變化中,甜美的蜜漬橙片
與金盞花特殊的香氣,提升柔軟口感與層次風
味。

| 份量 | 15個 |
| 模型 | 圓形模框(直徑6cm) |

剖面結構層次
1 金盞花
2 糖漬柳橙片
3 司康麵團

材料

麵團

麵團		份量	配方
Ⓐ	法國粉	500g	100%
	泡打粉	16g	3.2%
	麥芽精	5g	1%
	奶粉	30g	6%
	無鹽奶油	120g	24%
Ⓑ	岩鹽	8g	1.6%
	細砂糖	100g	20%
	海藻糖	20g	4%
	水	160g	32%
	牛奶	100g	20%
	全蛋	50g	10%
	柑曼怡橙酒	2g	0.4%

糖漬柳橙

新鮮柳橙	100g
細砂糖	100g

表面用

金盞花	適量

製作工序

攪拌麵團

材料Ⓐ攪拌融合,加入融解的
材料Ⓑ攪拌均勻成團。

↓

冷藏鬆弛

麵團分別壓平,冷藏2小時。

↓

分割、整型

擀壓至厚2cm。
壓切圓形麵皮(直徑6cm),表
面鋪放糖漬橙片。

↓

烘烤、裝飾

烤20分鐘(200℃/150℃)。
用金盞花點綴。

作法

準備模型

01 使用的模型為圓形模框(直徑
6cm)。

糖漬柳橙

02 將柳橙片放入鍋中,分3次加
入細砂糖用小火熬煮至熟透入
味。

❗ 糖分濃度高,分次加入糖熬
煮,較能完全滲入。熬煮好冷
卻後,用保鮮膜覆蓋,隔天再
小火熬煮,讓糖能滲透,重複
每天操作3天,共3次即可。

攪拌麵團

03 法國粉、奶粉、泡打粉混合過篩後加入冷藏的奶油、麥芽精，以慢速攪拌均勻成鬆散的砂粒狀。

04 將材料Ⓑ先攪拌混合融解均勻，加入作法03中攪拌混合至全部混合均勻即可。

⚠️ 攪拌均勻即可，避免過度攪拌會導致質地變硬。

冷藏鬆弛

05 將麵團壓平整成長方狀，用塑膠袋包覆，冷藏（5℃）鬆弛2小時，待變硬。

⚠️ 將麵團冷藏待變硬至可用壓模按壓的軟硬度即可。

分割、整型

06 將冰硬的麵團先擀壓成長方形，再延壓擀平至成厚2cm的麵皮。

07 用圓形模框（直徑6cm）壓切出圓形麵皮。

08 等間距整齊放置已鋪放烤焙紙的烤盤上，表面鋪放上糖漬柳橙片。

⚠️ 壓切剩餘的麵團可以重新整合擀壓後再次壓切塑型使用。

烘烤、裝飾

09 放入烤箱，以上火200℃／下火150℃，烤約20分鐘表面呈現金黃即可，待冷卻，放上金盞花。

國家圖書館出版品預行編目（CIP）資料

許明輝 頂級食尚法式風精品麵包學 / 許明輝著 . -- 初版 . --
臺北市：原水文化出版：英屬蓋曼群島商家庭傳媒股份有限
公司城邦分公司發行 , 2021.12
　面；　公分 . -- （烘焙職人系列；14）

ISBN 978-626-95292-8-5（平裝）

1. 點心食譜　2. 麵包

427.16　　　　　　　　　　　　　　110019075

烘焙職人系列 **014**

許明輝 頂級食尚法式風精品麵包學

作　　　者／許明輝
特 約 主 編／蘇雅一
責 任 編 輯／潘玉女

行 銷 經 理／王維君
業 務 經 理／羅越華
總　編　輯／林小鈴
發　行　人／何飛鵬
出　　　版／原水文化
　　　　　　台北市民生東路二段 141 號 8 樓
　　　　　　電話：02-25007008　　傳真：02-25027676
　　　　　　E-mail：H2O@cite.com.tw　Blog：http:citeh2o.pixnet.net/blog/
　　　　　　FB 粉絲專頁：https://www.facebook.com/citeh2o/
發　　　行／英屬蓋曼群島商家庭傳媒股份有限公司城邦分公司
　　　　　　台北市中山區民生東路二段 141 號 11 樓
　　　　　　書虫客服服務專線：02-25007718．02-25007719
　　　　　　24 小時傳真服務：02-25001990．02-25001991
　　　　　　服務時間：週一至週五 09:30-12:00．13:30-17:00
　　　　　　讀者服務信箱 email：scrvicc@readingclub.com.tw
劃 撥 帳 號／19863813　　戶名：書虫股份有限公司
香 港 發 行 所／城邦（香港）出版集團有限公司
　　　　　　地址：香港灣仔駱克道 193 號東超商業中心 1 樓
　　　　　　Email：hkcite@biznetvigator.com
　　　　　　電話：(852)25086231　　傳真：(852) 25789337
馬 新 發 行 所／城邦（馬新）出版集團 Cite (Malaysia) Sdn. Bhd.
　　　　　　41, Jalan Radin Anum, Bandar Baru Sri Petaling,
　　　　　　57000 Kuala Lumpur, Malaysia.
　　　　　　電話：(603) 90578822　　傳真：(603) 90576622
　　　　　　電郵：cite@cite.com.my

美 術 設 計／陳育彤
攝　　　影／周禎和
製 版 印 刷／卡樂彩色製版印刷有限公司

城邦讀書花園
www.cite.com.tw

初　　　版／2021 年 12 月 2 日
定　　　價／650 元